상위권 도약을 위한
길라잡이

왕수학

실력편

대한민국 수학학력평가의 새로운 기준!!

KMA
한국수학학력평가

| **시험일자** 상반기 | 매년 6월 셋째주
하반기 | 매년 11월 셋째주

| **응시대상** 초등 1년 ~ 중등 3년 (미취학생 및 상급학년 응시 가능)

| **응시방법** KMA 홈페이지 접수 또는 각 지역별 학원접수처 방문 접수
성적우수자 특전 및 시상 내역 등 기타 자세한 사항은 KMA 홈페이지를 참조하세요.

홈페이지 바로가기
(www.kma-e.com)

▶ 본 평가는 100% 오프라인 평가입니다.

주최 | 한국수학학력평가연구원   주관 | (주)에듀왕

상위권 도약을 위한
길라잡이

왕수학

실력편

2-2

구성과 특징

▎왕수학의 특징

1. 왕수학 개념+연산 → 왕수학 기본 → 왕수학 실력 → 점프 왕수학 최상위 순으로
단계별·난이도별 학습이 가능합니다.

2. 개정교육과정 100% 반영하였습니다.

3. 기본 개념 정리와 개념을 익히는 기본문제를 수록하였습니다.

4. 문제 해결력을 키우는 다양한 창의사고력 문제를 수록하였습니다.

5. 논리력 향상을 위한 서술형 문제를 강화하였습니다.

고고씽 !

STEP ③

기본 유형 다지기

STEP ②

출발!

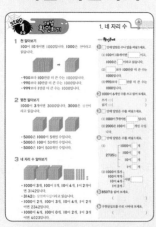

기본 유형 익히기

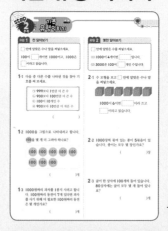

STEP ①

개념 확인하기

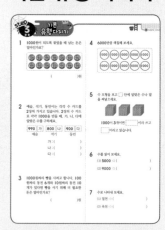

교과서의 내용을 정리하고 이와
관련된 간단한 확인문제로 개념을
이해하도록 하였습니다.

교과서와 익힘책 수준의 문제를
유형별로 풀어 보면서 기초를
튼튼히 다질 수 있도록 하였습니다.

학교 시험에 잘 나오는 문제들과
신경향문제를 해결하면서 자신
감을 갖도록 하였습니다.

도착!

서둘러!

STEP **6**

왕수학
최상위

STEP **5**

단원평가

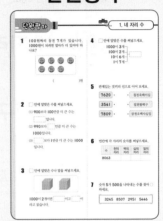

STEP **4**

응용 실력 높이기

서술형 문제를 포함한 한 단원을
마무리하면서 자신의 실력을
종합적으로 확인할 수 있도록
하였습니다.

응용 실력 기르기

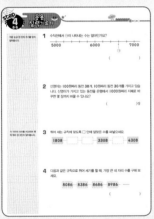

다소 난이도 높은 문제로 구성
하여 논리적 사고력과 응용력을
기르고 실력을 한 단계 높일 수
있도록 하였습니다.

기본 유형 다지기보다 좀 더
수준 높은 문제로 구성하여
실력을 기를 수 있게 하였
습니다.

어서와!

차례 | Contents

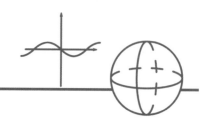

단원 **1** 네 자리 수

이번에 배울 내용

1 천 알아보기

2 몇천 알아보기

3 네 자리 수 알아보기

4 각 자리 숫자가 나타내는 값 알아보기

5 뛰어 세기

6 수의 크기 비교하기

1 천 알아보기

100이 10개이면 1000입니다. 1000은 천이라고 읽습니다.

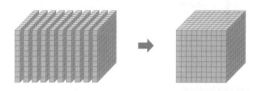

- 900보다 100만큼 더 큰 수는 1000입니다.
- 990보다 10만큼 더 큰 수는 1000입니다.
- 999보다 1만큼 더 큰 수는 1000입니다.

2 몇천 알아보기

1000이 3개이면 3000입니다. 3000은 삼천이라고 읽습니다.

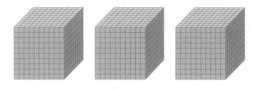

- 5000은 1000이 5개인 수입니다.
- 5000은 100이 50개인 수입니다.
- 5000은 10이 500개인 수입니다.

3 네 자리 수 알아보기

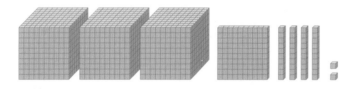

- 1000이 3개, 100이 1개, 10이 4개, 1이 2개이면 3142입니다.
- 3142는 삼천백사십이라고 읽습니다.
- 1000이 2개, 100이 3개, 10이 4개, 1이 2개이면 2342입니다.
- 1000이 4개, 100이 0개, 10이 2개, 1이 3개이면 4023입니다.

확인문제

1 ☐ 안에 알맞은 수나 말을 써넣으세요.

(1) 100이 10개이면 ☐ 이고,

1000은 ☐ 이라고 읽습니다.

(2) ☐ 보다 100만큼 더 큰 수는 1000입니다.

(3) 990보다 ☐ 만큼 더 큰 수는 1000입니다.

2 1000이 6개인 수를 쓰고 읽어 보세요.

쓰기 ⇨ (   )

읽기 ⇨ (   )

3 ☐ 안에 알맞은 수를 써넣으세요.

(1) 1000이 7개이면 ☐ 입니다.

(2) 2000은 100이 ☐ 개인 수입니다.

4 ☐ 안에 알맞은 수를 써넣으세요.

(1)
2735는
- 1000이 ☐ 개
- 100이 ☐ 개
- 10이 ☐ 개
- 1이 ☐ 개

(2)
1000이 5개
100이 9개
10이 4개
1이 2개
이면 ☐

5 8507을 읽어 보세요.

(   )

6 구천삼십오를 수로 나타내 보세요.

(   )

4 각 자리 숫자가 나타내는 값 알아보기

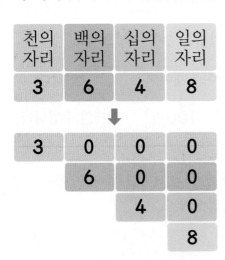

천의 자리	백의 자리	십의 자리	일의 자리
3	6	4	8

3	0	0	0
	6	0	0
		4	0
			8

3648에서 3은 천의 자리 숫자이고 3000을, 6은 백의 자리 숫자이고 600을, 4는 십의 자리 숫자이고 40을, 8은 일의 자리 숫자이고 8을 나타냅니다.

⇨ 3648＝3000＋600＋40＋8

5 뛰어 세기

· 1000씩 뛰어 세기

1000 — 2000 — 3000 — 4000 —
5000 — 6000 — 7000

천의 자리 숫자가 1씩 커집니다.

· 100씩 뛰어 세기

9100 — 9200 — 9300 — 9400 —
9500 — 9600 — 9700

백의 자리 숫자가 1씩 커집니다.

· 10씩 뛰어 셀 때는 십의 자리 숫자가 1씩 커지고, 1씩 뛰어 셀 때는 일의 자리 숫자가 1씩 커집니다.

6 수의 크기 비교하기

· 2325와 3215의 크기 비교

2325 ＜ 3215
2＜3

· 네 자리 수의 크기를 비교할 때는 천의 자리 숫자의 크기를 비교하고, 천의 자리 숫자가 같으면 백의 자리, 십의 자리, 일의 자리 숫자의 순서로 크기를 비교합니다.

확인문제

1단원

7 밑줄 그은 숫자는 얼마를 나타내는지 써 보세요.

(1) 2**5**38 ➡ ( )

(2) 47**3**2 ➡ ( )

8 숫자 8이 80을 나타내는 수를 찾아 ○ 하세요.

5840 3284 8620

9 □ 안에 알맞은 수를 써넣으세요.

3249

= ☐ ＋ ☐ ＋ ☐ ＋ ☐

10 빈 곳에 알맞은 수를 써넣으세요.

(1) 2145 3145 ☐
    ☐ 6145 ☐

(2) 3064 ☐ 3264
    3364 ☐ ☐

11 ○ 안에 ＞, ＜를 알맞게 써넣으세요.

(1) 4958 ◯ 5003

(2) 7209 ◯ 7188

(3) 5342 ◯ 5338

12 더 큰 수를 찾아 기호를 써 보세요.

㉠ 1000이 5개, 100이 7개, 10이 8개, 1이 4개인 수
㉡ 오천칠백칠십팔

( )

유형 1 천 알아보기

☐ 안에 알맞은 수나 말을 써넣으세요.

100이 ☐ 개이면 1000이고, 1000은

☐ 이라고 읽습니다.

1-1 다음 중 다른 수를 나타낸 것을 찾아 기호를 써 보세요.

> ㉠ 999보다 1만큼 더 큰 수
> ㉡ 900보다 100만큼 더 큰 수
> ㉢ 100이 10개인 수
> ㉣ 900보다 10만큼 더 작은 수

(   )

1-2 1000을 그림으로 나타내려고 합니다.

100 을 몇 개 더 그려야 하나요?

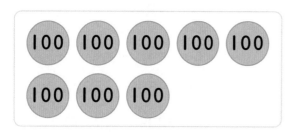

(   )개

1-3 1000원짜리 과자를 1봉지 사려고 합니다. 100원짜리 동전이 7개 있다면 과자를 사기 위해 더 필요한 100원짜리 동전은 몇 개인가요?

(   )개

유형 2 몇천 알아보기

☐ 안에 알맞은 수를 써넣으세요.

(1) 1000이 4개이면 ☐ 입니다.

(2) 3000은 100이 ☐ 개인 수입니다.

2-1 수 모형을 보고 ☐ 안에 알맞은 수나 말을 써넣으세요.

1000이 6이면 ☐ 이라 쓰고

☐ 이라고 읽습니다.

2-2 1000장씩 묶여 있는 종이 5묶음이 있습니다. 종이는 모두 몇 장인가요?

(   )장

2-3 귤이 한 상자에 100개씩 들어 있습니다. 80상자에는 귤이 모두 몇 개 들어 있나요?

(   )개

유형 3 네 자리 수 알아보기

☐ 안에 알맞은 수나 말을 써넣으세요.

1000이 **2**개, 100이 **5**개, 10이 **3**개, 1이 **8**개이면 ☐ 이고, **2538**은

☐ 이라고 읽습니다.

3-1 ☐ 안에 알맞은 수를 써넣으세요.

$$
3845는
\begin{cases}
1000이 \ \boxed{} \ 개 \\
100이 \ \boxed{} \ 개 \\
10이 \ \boxed{} \ 개 \\
1이 \ \boxed{} \ 개
\end{cases}
$$

3-2 1000, 100, 10, 1 을 사용하여 그림으로 나타내 보세요.

(1) **3241**

(2) 오천삼십칠

3-3 수를 읽어 보세요.

(1) **1298**

(2) **4205**

3-4 수로 나타내 보세요.

(1) 칠천육백오십사

(2) 삼천팔십오

3-5 웅이는 문구점에서 학용품을 사면서 천원짜리 지폐 **3**장, 백원짜리 동전 **6**개를 냈습니다. 웅이가 문구점에서 산 학용품 가격은 얼마인가요?

(   )원

3-6 지우개가 큰 상자에는 **1000**개씩, 작은 상자에는 **100**개씩 들어 있습니다. 큰 상자 **3**개와 작은 상자 **4**개에 들어 있는 지우개는 모두 몇 개인가요?

(   )개

유형 4 각 자리 숫자가 나타내는 값

□ 안에 알맞은 수를 써넣으세요.

5249에서 □ 는 천의 자리 숫자이고,

□ 을 나타냅니다.

4-1 수를 보고 물음에 답해 보세요.

6258

(1) 6이 나타내는 값을 써 보세요.

( )

(2) 십의 자리 숫자가 나타내는 값을 써 보세요.

( )

4-2 수를 보고 □ 안에 알맞은 수를 써넣으세요.

4273

(1) 천의 자리 숫자 □ 는 □ 을 나타냅니다.

(2) 백의 자리 숫자 □ 는 □ 을 나타냅니다.

(3) 십의 자리 숫자 □ 은 □ 을 나타냅니다.

(4) 일의 자리 숫자 □ 은 □ 을 나타냅니다.

4-3 □ 안에 알맞은 수를 써넣으세요.

(1) 2538

= □ + □ + □ + □

(2) 3747

= □ + □ + □ + □

4-4 숫자 5가 나타내는 값을 써 보세요.

(1) 6539 ⇨ ( )

(2) 1275 ⇨ ( )

(3) 7458 ⇨ ( )

(4) 5900 ⇨ ( )

4-5 다음과 같이 숫자 카드 4장이 있습니다. 물음에 답해 보세요.

[4] [5] [6] [7]

(1) 숫자 카드 4장을 모두 사용하여 백의 자리 숫자가 5인 가장 큰 네 자리 수를 만들어 보세요.

( )

(2) 숫자 카드 4장을 모두 사용하여 십의 자리 숫자가 7인 가장 작은 네 자리 수를 만들어 보세요.

( )

유형 5 뛰어 세기

100씩 뛰어 세면서 □ 안에 알맞은 수를 써 넣으세요.

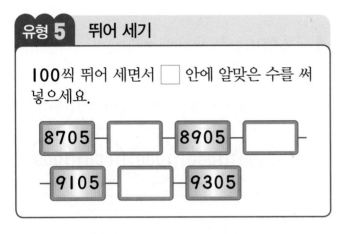

5-1 빈 곳에 알맞은 수를 써넣으세요.

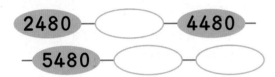

5-2 수 배열표를 보고 물음에 답해 보세요.

3430	3530	가	3730	3830
4430	4530	4630	4730	4830
5430	5530	5630	5730	5830
6430	6530	6630	나	6830

(1) 가와 나에 들어갈 수를 각각 구하세요.

가 : (　　　　　), 나 : (　　　　　)

(2) ↓, →, ↘ 는 각각 얼마씩 뛰어 센 것인지 구하세요.

↓ : (　　　　　)

→ : (　　　　　)

↘ : (　　　　　)

5-3 가영이의 통장에는 9월 현재 6590원이 들어 있습니다. 10월부터 12월까지 한 달에 1000원씩 모은다면 모두 얼마가 되나요?

(　　　　　)원

유형 6 수의 크기 비교하기

두 수의 크기를 비교하여 ○ 안에 > 또는 <를 써넣으세요.

2988 ○ 3005

6-1 두 수의 크기를 비교하여 ○ 안에 >, <를 써넣으세요.

(1) 4935 ○ 5076

(2) 6281 ○ 6253

6-2 숫자 카드 4장을 모두 사용하여 네 자리 수를 만들려고 합니다. 물음에 답해 보세요.

| 8 | 2 | 4 | 5 |

(1) 가장 큰 네 자리 수를 만들어 보세요.

(　　　　　)

(2) 가장 작은 네 자리 수를 만들어 보세요.

(　　　　　)

6-3 1부터 9까지의 숫자 중에서 □ 안에 들어갈 수 있는 숫자를 모두 써 보세요.

(　　　　　)

1 1000원이 되도록 묶었을 때 남는 돈은 얼마인가요?

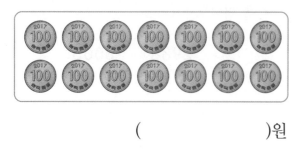

(   )원

2 예슬, 석기, 동민이는 각각 수 카드를 2장씩 가지고 있습니다. 2장의 수 카드로 각각 1000을 만들 때, 가, 나, 다에 알맞은 수를 구하세요.

990	가	800	나	900	다
예슬		석기		동민	

가 : (   )

나 : (   )

다 : (   )

3 1000원짜리 빵을 사려고 합니다. 100원짜리 동전 6개와 10원짜리 동전 10개가 있다면 빵을 사기 위해 더 필요한 돈은 얼마인가요?

(   )원

4 6000만큼 색칠해 보세요.

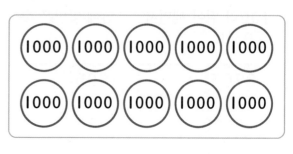

5 수 모형을 보고 ☐ 안에 알맞은 수나 말을 써넣으세요.

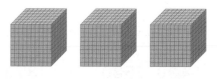

1000이 3개이면 ☐ 이라 쓰고

☐ 이라고 읽습니다.

6 수를 읽어 보세요.

(1) **5000** ⇨ (   )

(2) **9000** ⇨ (   )

7 수로 나타내 보세요.

(1) 칠천 ⇨ (   )

(2) 육천 ⇨ (   )

8 관계있는 것끼리 선으로 이어 보세요.

팔천	·		·	2000
사천	·		·	8000
이천	·		·	4000

9 □ 안에 알맞은 수를 써넣으세요.

(1) **5000**은 **1000**이 □개인 수입니다.

(2) **1000**원짜리 지폐 **9**장은 □원입니다.

10 호두가 **7000**개 있습니다. 한 상자에 **1000**개씩 담기 위해 필요한 상자는 모두 몇 개인가요?

( )개

11 다른 수를 말한 사람은 누구인지 찾아 쓰세요.

> 효근: **1000**이 **3**개인 수야.
> 상연: **100**이 **30**개인 수야.
> 가영: **30**이 **10**개인 수야.

( )

12 ⬤**100**을 사용하여 **2000**을 그림으로 나타내 보세요.

13 공책이 한 상자에 **100**권씩 들어 있습니다. **70**상자에 들어 있는 공책은 모두 몇 권인가요?

( )권

14 웅이가 돼지 저금통을 뜯어 보니 **100**원짜리 동전이 **90**개입니다. 이 동전을 모두 **1000**원짜리 지폐로 바꾸면 모두 몇 장이 되나요?

( )장

15 나타내는 수를 쓰고 읽어 보세요.

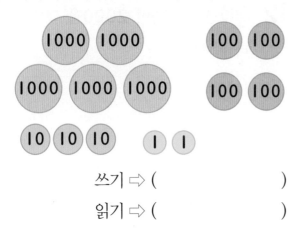

쓰기 ⇨ (   )

읽기 ⇨ (   )

16 3508을 바르게 읽은 사람을 찾아 쓰세요.

> 한초: 삼천오십팔
>
> 상연: 삼천오백팔

(   )

17  을 사용하여 6203 을 그림으로 나타내 보세요.

18 □ 안에 알맞은 숫자를 써넣으세요.

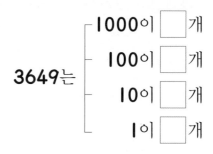

3649는
- 1000이 □ 개
- 100이 □ 개
- 10이 □ 개
- 1이 □ 개

19 □ 안에 알맞은 수를 써넣으세요.

1000이 **5**개
100이 **3**개 ─ 이면 □
1이 **7**개

20 수로 나타내 보세요.

(1) 사천오십육 ⇨ (   )

(2) 오천이백구 ⇨ (   )

21 □ 안에 알맞은 수를 써넣으세요.

(1) **8245**

= □ + □ + □ + □

(2) **6332**

= □ + □ + □ + □

(3) **4949**

= □ + □ + □ + □

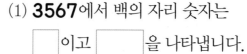

1
단원

22 나타내는 수가 다른 하나를 찾아 기호를 쓰세요.

> ㉠ 1000이 4개, 100이 7개, 1이 8개
> ㉡ 4078
> ㉢ 사천칠백팔

( )

23 □ 안에 알맞은 숫자를 써넣으세요.

1000이 □개, 100이 7개, 10이 □개, 1이 8개인 수는 5□28입니다.

24 수를 보고 □ 안에 알맞은 수를 써넣으세요.

> 2369

(1) 천의 자리 숫자 2는 □을 나타냅니다.

(2) 백의 자리 숫자 3은 □을 나타냅니다.

(3) 십의 자리 숫자 6은 □을 나타냅니다.

(4) 일의 자리 숫자 9는 □를 나타냅니다.

25 □ 안에 알맞은 수를 써넣으세요.

(1) 3567에서 백의 자리 숫자는 □이고 □을 나타냅니다.

(2) 5960에서 십의 자리 숫자는 □이고 □을 나타냅니다.

26 십의 자리 숫자가 7인 수에 ○ 하세요.

> 7459   4753
> 9017   3572

27 숫자 8이 800을 나타내는 수를 모두 찾아 쓰세요.

> 1830   8005   2804   3286

( )

28 밑줄 그은 숫자 5가 나타내는 값이 얼마인지 각각 쓰세요.

(1) 4507 ⇨ ( )

(2) 3050 ⇨ ( )

(3) 2915 ⇨ ( )

29 숫자 **2**가 나타내는 값이 가장 큰 수에 ○, 가장 작은 수에 △ 하세요.

8524	1237
9532	2105

30 몇씩 뛰어 세었나요?

(1) 4850 - 5850 - 6850 - 7850 - 8850

( )씩

(2) 5780 - 5790 - 5800 - 5810 - 5820

( )씩

31 뛰어 세는 규칙에 맞도록 빈 곳에 알맞은 수를 써넣으세요.

(1) 2587 - 2597 - ☐ - 2617 - ☐

(2) ☐ - 8547 - 8647 - ☐ - 8847

숫자 카드 **4**장을 모두 사용하여 네 자리 수를 만들려고 합니다. 물음에 답하세요.

[32~33]

32 가장 큰 네 자리 수를 만들어 보세요.

( )

33 가장 작은 네 자리 수를 만들어 보세요.

( )

34 빈 곳에 알맞은 수를 써넣으세요.

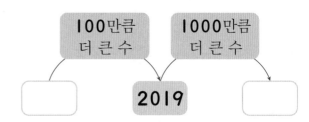

35 다음 중 규칙에 맞도록 뛰어 센 것이 아닌 것은 어느 것인가요? ( )

① 1649 - 1650 - 1651 - 1652
② 3910 - 4010 - 5010 - 6010
③ 5409 - 6409 - 7409 - 8409
④ 8503 - 8513 - 8523 - 8533
⑤ 2681 - 2781 - 2881 - 2981

36 두 수의 크기를 비교하여 ◯ 안에 >, <를 알맞게 써넣으세요.

(1) 7812 ◯ 9215

(2) 1859 ◯ 1636

(3) 4562 ◯ 4542

37 가장 큰 수부터 차례대로 쓰세요.

2378 2049 4923 1927

(   )

38 더 큰 수를 찾아 기호를 쓰세요.

> ㉠ 1000이 3개, 100이 1개, 10이 0개, 1이 8개인 수
> ㉡ 삼천구십팔

(   )

숫자 카드 **4**장을 모두 사용하여 네 자리 수를 만들려고 합니다. 물음에 답하세요.

[39~40]

39 백의 자리 숫자가 **2**인 가장 큰 네 자리 수를 만들어 보세요.

(   )

40 십의 자리 숫자가 **5**인 가장 작은 네 자리 수를 만들어 보세요.

(   )

41 마을별 사람 수를 나타낸 것입니다. 예슬이가 사는 마을의 사람 수가 가장 많습니다. 예슬이는 어느 마을에 살고 있나요?

마을	별빛	달빛	행복	햇빛
사람 수(명)	3090	2988	3102	2850

(   )마을

42 네 자리 수의 크기를 비교했습니다. **1**부터 **9**까지의 숫자 중에서 ☐ 안에 들어갈 수 있는 숫자를 모두 쓰세요.

5539 > 5☐80

(   )

작은 눈금 한 칸의 크기를 먼저 알아봅니다.

1 수직선에서 ㉠이 나타내는 수는 얼마인가요?

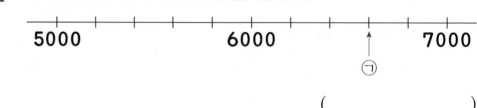

5000   6000   7000
                              ㉠

(   )

2 신영이는 100원짜리 동전 38개, 10원짜리 동전 30개를 가지고 있습니다. 신영이가 가지고 있는 동전을 은행에서 1000원짜리 지폐로 바꾸면 몇 장까지 바꿀 수 있나요?

(   )장

각 자리의 숫자를 비교하여 몇 씩 뛰어 센 것인지 알아봅니다.

3 뛰어 세는 규칙에 맞도록 □ 안에 알맞은 수를 써넣으세요.

| 1808 | | | 3308 | | 4308 |

4 다음과 같은 규칙으로 뛰어 세기를 할 때, 가장 큰 네 자리 수를 구해 보세요.

8086 ― 8386 ― 8686 ― 8986 ― ……

(   )

5 ㉠이 나타내는 값은 ㉡이 나타내는 값의 몇 배인가요?

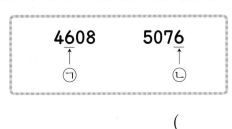

( )배

같은 숫자라도 자리에 따라 나타내는 값이 다릅니다.

---

6 0부터 9까지의 숫자 중 ▢ 안에 들어갈 수 있는 숫자를 모두 구해 보세요.

$$4612 > 4\,▢\,50$$

( )

천의 자리 숫자가 같으므로 백의 자리 숫자의 크기를 비교합니다.

---

7 두 수의 크기를 비교하여 ◯ 안에 >, <를 알맞게 써넣으세요.

1000이 **2**개, 100이 **4**개, 1이 **5**개인 수보다 **300**만큼 더 큰 수 ◯ 2690

---

8 가장 큰 수를 찾아 기호를 쓰세요.

㉠ 6000+800+20+9
㉡ 1000이 6개, 100이 9개, 1이 5개인 수
㉢ 오천사백칠십보다 1000만큼 더 큰 수
㉣ 1000이 6개, 10이 54개, 1이 8개인 수

( )

각각의 수를 먼저 구한 다음, 천, 백, 십, 일의 자리의 숫자의 크기를 비교합니다.

9 가장 큰 수부터 차례대로 기호를 쓰세요.

> ㉠ 1000이 5개, 100이 7개, 10이 13개인 수
> ㉡ 5620보다 200만큼 더 큰 수
> ㉢ 6340보다 1000만큼 더 작은 수

( )

🐛 6장의 숫자 카드 중 서로 다른 4장의 수 카드를 골라 네 자리 수를 만들려고 합니다. 물음에 답하세요. [10~11]

> [0] [2] [3] [5] [7] [9]

7□□□에서 □ 안에는 7을 제외한 숫자를 넣어 가장 큰 수를 만들어 봅니다.

10 천의 자리 숫자가 7인 네 자리 수 중 가장 큰 수는 얼마인가요?

( )

가장 작은 수를 만들 때에는 숫자 0은 천의 자리에 놓을 수 없으므로 다음으로 작은 숫자인 2를 천의 자리에 놓습니다.

11 백의 자리 숫자가 5인 네 자리 수 중 가장 작은 수는 얼마인가요?

( )

12 천 모형 6개, 백 모형 □개, 십 모형 3개, 낱개 모형 7개로 7337을 만들었습니다. 백 모형은 몇 개인가요?

( )개

6☐68 > 6599

13 천의 자리 숫자가 **6**, 십의 자리 숫자가 **6**, 일의 자리 숫자가 **8**인 네 자리 수 중에서 **6599**보다 큰 수를 모두 구하세요.

( )

200씩 뛰어 세었습니다.

14 다음과 같이 뛰어 셀 때, **4324**와 **5324** 사이에 들어가는 수는 모두 몇 개인가요?

( )개

15 두 수에서 각각 한 개의 숫자가 지워져 보이지 않습니다. 두 수의 크기를 비교하여 ◯ 안에 >, <를 알맞게 써넣으세요. (단, 지워진 숫자는 같은 숫자입니다.)

49◯3 ◯ 4◯28

천의 자리 숫자는 **2**입니다.

16 다음 조건에 맞는 수를 모두 쓰세요.

• **2000**보다 크고 **3000**보다 작은 수입니다.
• 백의 자리 숫자는 **5**이고 십의 자리 숫자는 천의 자리 숫자보다 **6** 큽니다.
• 일의 자리 숫자는 **7**보다 큽니다.

( )

01

□5□□에서
가장 큰 수는 **8572**입니다.

6장의 숫자 카드 중 서로 다른 4장의 수 카드를 골라 네 자리 수를 만들려고
합니다. 백의 자리 숫자가 5인 네 자리 수 중 둘째로 큰 수를 만들어 보세요.

| 1 | 5 | 7 | 2 | 0 | 8 |

(   )

02

천의 자리 숫자는 **1**입니다.

다음 조건을 모두 만족하는 네 자리 수를 구하세요.

- **1000**보다 크고 **2000**보다 작은 수입니다.
- 백의 자리 숫자는 십의 자리 숫자보다 큽니다.
- 십의 자리 숫자는 일의 자리 숫자보다 **6** 큽니다.
- 일의 자리 숫자는 **2**입니다.

(   )

03

네 자리 수 5㉠6㉡이 있습니다. 5+㉠+6+㉡=**17**일 때, 네 자리 수가 될
수 있는 수는 모두 몇 개인가요?

(   )개

04

천 모형 **9**개, 백 모형 **3**개, 십 모형 □개, 낱개 모형 **12**개로 **9452**를 만들었습니다. 십 모형은 모두 몇 개인가요?

(   )개

05

4847보다 크고 **5014**보다 작은 수 중에서 백의 자리 숫자와 십의 자리 숫자가 같은 수는 모두 몇 개인가요?

(   )개

06

유승이의 번호가
수빈이의 번호보다 크고
은지의 번호보다 작으므로
은지>유승>수빈으로
수를 놓은 후 생각해 봅니다.

유승이와 친구들이 한강 마라톤 대회에 참가하여 받은 번호입니다. 유승이의 번호가 수빈이의 번호보다는 크고 은지의 번호보다는 작을 때, 세 사람의 번호를 작은 수부터 차례대로 쓰세요.

이름	유승	수빈	은지
번호	□168	4□89	416□

(   )

07

0부터 9까지의 숫자 중에서 □ 안에 들어갈 수 있는 숫자를 모두 구하세요.

$$6384 < 6\boxed{}72 < 6893$$

(   )

08

㉠과 ㉡에 알맞은 수를 찾아 ㉠+㉡의 값을 구하세요.

- 3750에서 ㉠씩 7번 뛰어 세었더니 3820이 되었습니다.
- 4627에서 100씩 ㉡번 뛰어 세었더니 5127이 되었습니다.

(   )

09

다섯째로 큰 수에서 1씩 몇 번을 뛰어 가장 큰 수가 되었는지 알아봅니다.

5장의 숫자 카드 중에서 4장을 뽑아 만들 수 있는 네 자리 수 중에서 가장 큰 수와 다섯째로 큰 수의 차를 구하세요.

| 1 | 5 | 2 | 0 | 7 |

(   )

10

100원짜리 동전을 제외한 지폐와 동전의 합계 금액은 얼마인지 먼저 알아봅니다.

형석이의 저금통에는 다음과 같이 **4590**원이 들어 있습니다. **100**원짜리 동전은 모두 몇 개 들어 있는지 구하세요.

- **1000**원짜리 지폐 **3**장
- **100**원짜리 동전 ☐개
- **10**원짜리 동전 **14**개
- **500**원짜리 동전 **2**개
- **50**원짜리 동전 **3**개

(　　　　　)개

11

3☐7△에서 ☐와 △에 들어가는 숫자를 알아봅니다.

다음의 숫자 카드 **5**장 중에서 **4**장을 한 번씩 사용하여 네 자리 수를 만들려고 합니다. 만들 수 있는 네 자리 수 중 천의 자리 숫자가 **3**, 십의 자리 숫자가 **7**인 네 자리 수는 모두 몇 개인가요?

2　3　8　5　7

(　　　　　)개

12

천의 자리의 숫자가 무엇인지 먼저 알아봅니다.

다음 조건을 만족하는 네 자리 수를 구하세요.

- **5000**보다 크고 **6000**보다 작은 수입니다.
- 앞의 숫자부터 읽어도 뒤의 숫자부터 읽어도 같은 수입니다.
- 각 자리의 숫자를 모두 더하면 **22**입니다.

(　　　　　)

1 100원짜리 동전 **7**개가 있습니다. 1000원이 되려면 얼마가 더 있어야 하나요?

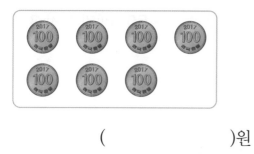

(   )원

2 ☐ 안에 알맞은 수를 써넣으세요.

(1) **900**보다 **100**만큼 더 큰 수는

☐ 입니다.

(2) **990**보다 ☐ 만큼 더 큰 수는

1000입니다.

(3) ☐ 보다 **1**만큼 더 큰 수는 **1000**

입니다.

3 ☐ 안에 알맞은 수나 말을 써넣으세요.

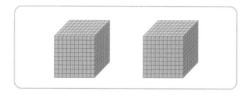

1000이 **2**개이면 ☐ 이고 ☐ 이

라고 읽습니다.

4 ☐ 안에 알맞은 수를 써넣으세요.

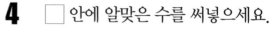

1000이 **3**개 ┐
100이 **2**개 ┤ ☐
10이 **6**개 ┤
1이 **7**개 ┘

5 관계있는 것끼리 선으로 이어 보세요.

7620	·	·	칠천육백이십
3541	·	·	칠천팔백구
7809	·	·	삼천오백사십일

6 빈칸에 각 자리의 숫자를 써넣으세요.

수	천의 자리	백의 자리	십의 자리	일의 자리
8063				

7 숫자 **5**가 **500**을 나타내는 수를 찾아 ○ 하세요.

3245   8507   2951   5446

8 숫자 **3**이 나타내는 값이 가장 큰 것에 ○, 가장 작은 것에 △를 하세요.

> 3050 4530 1053 8307

9 지우개가 **1000**개씩 들어 있는 상자가 **2**상자, **100**개씩 들어 있는 상자가 **17** 상자, **10**개씩 들어 있는 상자가 **5**상자, 낱개가 **8**개 있습니다. 지우개는 모두 몇 개인가요?

( )개

10 다음을 각각 수로 나타낼 때 써야 할 숫자 **0**은 모두 몇 개인가요?

> 삼천오백   이천   팔천삼

( )개

11 몇씩 뛰어 세었나요?

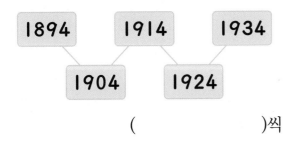

( )씩

12 수를 뛰어 세어 □ 안에 알맞은 수를 써넣으세요.

13 빈 곳에 알맞은 수를 써넣으세요.

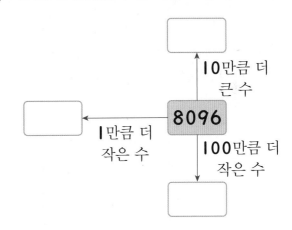

14 ㉠에서 **100**씩 **5**번 뛰어 세었더니 **6582**가 되었습니다. ㉠은 얼마인가요?

> ㉠ ┈┈ 6482 6582

( )

15 두 수의 크기를 비교하여 ○ 안에 >, <를 알맞게 써넣으세요.

(1) **4368** ○ **5208**

(2) **8327** ○ **8324**

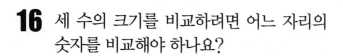

16 세 수의 크기를 비교하려면 어느 자리의 숫자를 비교해야 하나요?

7805	7879	7868

( )

17 가장 작은 수부터 차례대로 기호를 쓰세요.

㉠ 4806	㉡ 5963
㉢ 5753	㉣ 4820

( )

18 0부터 9까지의 숫자 중 ☐ 안에 들어갈 수 있는 숫자는 모두 몇 개인가요?

5538 > 5☐29

( )개

19 천의 자리 숫자가 8, 백의 자리 숫자가 9인 네 자리 수 중에서 **8913**보다 작은 수는 모두 몇 개인지 풀이 과정을 쓰고 답을 구하세요.

풀이 _____

_____

_____

_____

_____

답 _____ 개

20 4장의 숫자 카드를 모두 사용하여 네 자리 수를 만들려고 합니다. 만들 수 있는 수 중 둘째로 큰 수와 둘째로 작은 수는 각각 얼마인지 풀이 과정을 쓰고 답을 구하세요.

3	0	8	9

풀이 _____

_____

_____

_____

_____

답 둘째로 큰 수 : _____

둘째로 작은 수 : _____

단원 2 곱셈구구

이번에 배울 내용

개념 확인하기

2. 곱셈구구

1 2, 5단 곱셈구구 알아보기

⇨ $2 \times 3 = 6$
⇨ $2 \times 4 = 8$
⇨ $2 \times 5 = 10$

2단 곱셈구구에서 곱하는 수가 1씩 커지면 그 곱은 2씩 커집니다.

⇨ $5 \times 2 = 10$
⇨ $5 \times 3 = 15$
⇨ $5 \times 4 = 20$

5단 곱셈구구에서 곱하는 수가 1씩 커지면 그 곱은 5씩 커집니다.

2 3, 6단 곱셈구구 알아보기

• 3단 곱셈구구에서 곱하는 수가 1씩 커지면 그 곱은 3씩 커지고, 6단 곱셈구구에서 곱하는 수가 1씩 커지면 그 곱은 6씩 커집니다.

• 3×4의 여러 가지 계산 방법
  방법1 3씩 4번 더하여 구합니다.
    ⇨ $3 \times 4 = 3 + 3 + 3 + 3 = 12$
  방법2 3×3의 곱에 3을 더하여 구합니다.
    ⇨ $3 \times 4 = (3 \times 3) + 3 = 12$

3 4, 8단 곱셈구구 알아보기

4단 곱셈구구에서 곱하는 수가 1씩 커지면 그 곱은 4씩 커지고, 8단 곱셈구구에서 곱하는 수가 1씩 커지면 그 곱은 8씩 커집니다.

4 7, 9단 곱셈구구 알아보기

7단 곱셈구구에서 곱하는 수가 1씩 커지면 그 곱은 7씩 커지고, 9단 곱셈구구에서 곱하는 수가 1씩 커지면 그 곱은 9씩 커집니다.

확인문제

1 ☐ 안에 알맞은 수를 써넣으세요.
2단 곱셈구구에서 곱하는 수가 1씩 커지면 그 곱은 ☐씩 커지고,
5단 곱셈구구에서 곱하는 수가 1씩 커지면 그 곱은 ☐씩 커집니다.

2 ☐ 안에 알맞은 수를 써넣으세요.

$5 \times 3 = $ ☐

3 그림을 보고 ☐ 안에 알맞은 수를 써넣으세요.

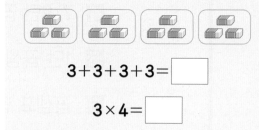

$3 + 3 + 3 + 3 = $ ☐

$3 \times 4 = $ ☐

4 빈칸에 알맞은 수를 써넣으세요.

×	1	2	3	4
8	8		24	
7		14		

5 그림을 보고 ☐ 안에 알맞은 수를 써넣으세요.

$9 \times $ ☐ $ = $ ☐

5 I단 곱셈구구와 0의 곱 알아보기

- I단 곱셈구구

  I과 어떤 수와의 곱 또는 어떤 수와 I의 곱은 항상 어떤 수입니다.

  I×(어떤 수)=(어떤 수), (어떤 수)×I=(어떤 수)

- 0과 어떤 수의 곱

  0과 어떤 수의 곱은 항상 0입니다. 어떤 수와 0의 곱은 항상 0입니다.

  0×(어떤 수)=0, (어떤 수)×0=0

6 곱셈표 만들기, 곱셈구구를 이용하여 문제 해결하기

×	0	I	2	3	4	5	6	7	8	9
0	0	0	0	0	0	0	0	0	0	0
I	0	I	2	3	4	5	6	7	8	9
2	0	2	4	6	8	10	12	14	16	18
3	0	3	6	9	12	15	18	21	24	27
4	0	4	8	12	16	20	24	28	32	36
5	0	5	10	15	20	25	30	35	40	45
6	0	6	12	18	24	30	36	42	48	54
7	0	7	14	21	28	35	42	49	56	63
8	0	8	16	24	32	40	48	56	64	72
9	0	9	18	27	36	45	54	63	72	81

- ▨으로 칠한 곳의 수들은 3단 곱셈구구이므로 3씩 커지는 규칙이 있습니다.
- ▨으로 칠한 곳의 수들은 5단 곱셈구구이므로 5씩 커지는 규칙이 있습니다.
- 곱셈구구표를 점선을 따라 접었을 때 만나는 수들은 서로 같으므로 두 수의 순서를 바꾸어 곱해도 곱은 같습니다. 예 5×6=6×5
- 실생활의 문제 상황을 곱셈구구를 이용하여 해결합니다.

확인문제

6 □ 안에 알맞은 수나 말을 써넣으세요.

> I과 어떤 수와의 곱은 항상 □ 그 자신이고 0과 어떤 수의 곱은 항상 □입니다.

7 □ 안에 알맞은 수를 써넣으세요.

(1) 0×I=□   (2) 3×0=□

(3) 0×7=□   (4) I×2=□

(5) I×5=□   (6) I×9=□

8 곱셈표를 완성해 보세요.

×	5	7	8
3			
9			

9 사물함이 한 층에 8개씩 4층으로 놓여 있습니다. 사물함은 모두 몇 개인지 곱셈식을 이용하여 알아보세요.

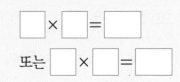

□ × □ = □

또는 □ × □ = □

유형 1   2, 5단 곱셈구구 알아보기

그림을 보고 ☐ 안에 알맞은 수를 써넣으세요.

$2+2+2+2+2=$ ☐

$2×$ ☐ $=$ ☐

1-1 그림을 보고 ☐ 안에 알맞은 수를 써넣으세요.

$5×$ ☐ $=$ ☐

1-2 그림을 보고 ☐ 안에 알맞은 수를 써넣으세요.

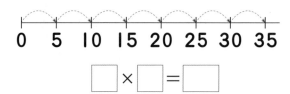

☐ $×$ ☐ $=$ ☐

1-3 ☐ 안에 알맞은 수를 써넣으세요.

(1) $2×7$은 $2×6$보다 ☐ 만큼 더 큽니다. ⇨ $2×7=(2×6)+$ ☐

(2) $5×6$은 $5×$ ☐ 보다 5만큼 더 큽니다. ⇨ $5×6=(5×$ ☐ $)+5$

유형 2   3, 6단 곱셈구구

그림을 보고 ☐ 안에 알맞은 수를 써넣으세요.

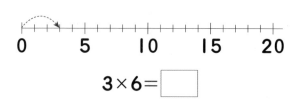

$3×$ ☐ $=$ ☐

2-1 ☐ 안에 알맞은 수를 써넣으세요.

(1) $3+3+3+3+3=$ ☐

⇨ $3×$ ☐ $=$ ☐

(2) $6+6+6+6+6=$ ☐

⇨ ☐ $×$ ☐ $=$ ☐

2-2 ☐ 안에 알맞은 수를 써넣으세요.

(1) $3×7$은 $3×6$보다 ☐ 만큼 더 큽니다.

(2) $6×8$은 $6×7$보다 ☐ 만큼 더 큽니다.

2-3 곱셈식을 수직선에 나타내고 ☐ 안에 알맞은 수를 써넣으세요.

$3×6=$ ☐

2-4 ☐ 안에 알맞은 수를 써넣으세요.

(1) $3×$ ☐ $=21$

(2) $6×$ ☐ $=54$

2
단원

유형 3 4, 8단 곱셈구구 알아보기

그림을 보고 ☐ 안에 알맞은 수를 써넣으세요.

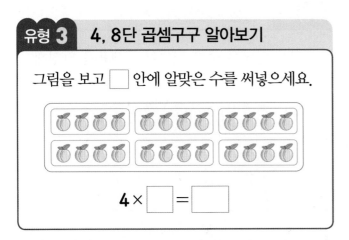

$4 \times \boxed{} = \boxed{}$

3-1 그림을 보고 ☐ 안에 알맞은 수를 써넣으세요.

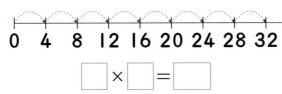

$\boxed{} \times \boxed{} = \boxed{}$

3-2 그림을 보고 ☐ 안에 알맞은 수를 써넣으세요.

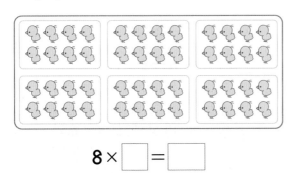

$8 \times \boxed{} = \boxed{}$

3-3 ☐ 안에 알맞은 수를 써넣으세요.

(1) $4 \times 5 = \boxed{}$ (2) $4 \times \boxed{} = 36$

(3) $8 \times 8 = \boxed{}$ (4) $8 \times \boxed{} = 56$

유형 4 7, 9단 곱셈구구 알아보기

그림을 보고 ☐ 안에 알맞은 수를 써넣으세요.

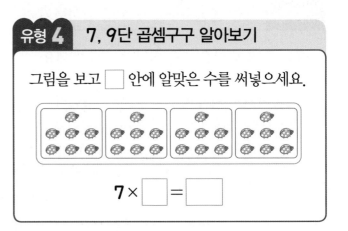

$7 \times \boxed{} = \boxed{}$

4-1 그림을 보고 ☐ 안에 알맞은 수를 써넣으세요.

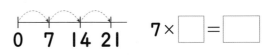

$7 \times \boxed{} = \boxed{}$

4-2 ☐ 안에 알맞은 수를 써넣으세요.

(1) 7×7은 7×6보다 ☐ 만큼 더 큽니다.

(2) 9×6은 9×5보다 ☐ 만큼 더 큽니다.

4-3 보기와 같이 숫자 카드를 모두 사용하여 식이 성립하도록 만들어 보세요.

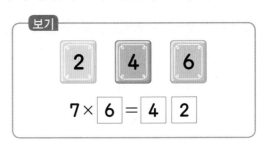

보기
2 4 6

$7 \times \boxed{6} = \boxed{4}\ \boxed{2}$

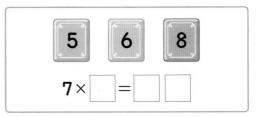

5 6 8

$7 \times \boxed{} = \boxed{}\ \boxed{}$

유형 5 ┃ 1단 곱셈구구와 0의 곱 알아보기

다음 중 옳지 <u>않은</u> 것을 찾아 기호를 쓰세요.

> ㉠ 어떤 수와 1의 곱은 어떤 수입니다.
> ㉡ 0과 어떤 수의 곱은 어떤 수입니다.
> ㉢ 어떤 수와 0의 곱은 항상 0입니다.

(   )

5-1 빈칸에 알맞은 수를 써넣으세요.

(1)
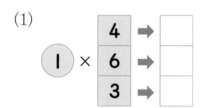

(2)
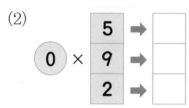

5-2 ☐ 안에 알맞은 수를 써넣으세요.

(1) ☐ × 5 = 5   (2) 8 × ☐ = 8

(3) ☐ × 9 = 0   (4) 6 × ☐ = 0

5-3 공을 꺼내어 공에 적힌 수만큼 점수를 얻는 놀이를 하였습니다. 물음에 답하세요.

공에 적힌 수	0	1	2	3
꺼낸 횟수(번)	2	3	0	1
점수(점)		1×3 =3		

(1) 위의 표를 완성해 보세요.

(2) 공을 꺼내어 얻은 점수의 합을 구하세요.

(   )점

유형 6 ┃ 곱셈표 만들기

빈칸에 알맞은 수를 써넣어 곱셈표를 완성해 보세요.

×	0	1	4	7	9
3					
5					

6-1 빈칸에 알맞은 수를 써넣어 곱셈표를 완성해 보세요.

×	0	1	2	3	4	5	6	7	8	9
0	0	0	0	0	0	0	0	0	0	0
1	0	1	2				6		8	9
2	0			6	8	10		14		
3	0	3	6		12				24	27

6-2 ☐ 안에 알맞은 수를 써넣으세요.

(1) 5 × 3 = 3 × ☐

(2) ☐ × 4 = 4 × 8

6-3 곱셈표를 완성하고 3×4와 곱이 같은 곱셈구구를 모두 찾아보세요.

×	2	3	4	5	6
2	4				
3		9			
4			16		
5				25	
6					36

(   )

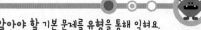

유형 7 곱셈구구를 이용하여 문제 해결하기

신발장이 한 층에 **9**개씩 **4**층으로 놓여 있습니다. 신발장은 모두 몇 개인지 곱셈구구를 이용하여 구해 보세요.

$$\boxed{} \times \boxed{} = \boxed{}$$

( )개

7-1 한 팀에 **5**명의 선수가 있습니다. **8**팀이 모여서 농구 경기를 한다면 선수는 모두 몇 명인가요?

( )명

7-2 강당에 **4**명씩 앉을 수 있는 의자가 **9**개 있습니다. 의자에 앉을 수 있는 사람은 모두 몇 명인가요?

( )명

7-3 문어 한 마리의 다리는 **8**개입니다. 문어 **8**마리의 다리는 모두 몇 개인가요?

( )개

7-4 그릇 하나에 감자가 **7**개씩 담겨 있습니다. 그릇 **4**개에 담긴 감자는 모두 몇 개인가요?

( )개

2 단원

7-5 예슬이의 나이는 **9**살입니다. 예슬이 어머니는 예슬이 나이의 **3**배보다 **8**살이 많습니다. 예슬이 어머니의 나이는 몇 살인가요?

( )살

7-6 사과가 한 상자에 **8**개씩, 배가 한 상자에 **6**개씩 담겨 있습니다. 사과 **4**상자와 배 **5**상자가 있다면 과일은 모두 몇 개인가요?

( )개

7-7 주사위를 굴려서 나온 주사위 눈의 횟수를 나타내었습니다. 주사위를 굴려서 나온 주사위 눈의 수의 전체의 합은 얼마인가요?

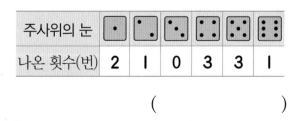

주사위의 눈	⚀	⚁	⚂	⚃	⚄	⚅
나온 횟수(번)	2	1	0	3	3	1

( )

1 그림을 보고 □ 안에 알맞은 수를 써넣으세요.

$5+5+5=$ □

$5×3=$ □

2 그림을 보고 □ 안에 알맞은 수를 써넣으세요.

$2×$ □ $=$ □

3 그림을 보고 □ 안에 알맞은 수를 써넣으세요.

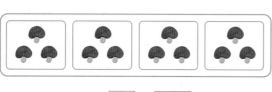

$3×$ □ $=$ □

4 □ 안에 알맞은 수를 써넣으세요.

$3×6$은 $3×5$보다 □ 만큼 더 크고,

$3×6$은 $3×4$보다 □ 만큼 더 큽니다.

5 곱셈구구의 값을 찾아 이어 보세요.

2×7	·	·	30
3×8	·	·	24
6×5	·	·	14

6 □ 안에 알맞은 수를 써넣으세요.

(1) $2×$ □ $=18$

(2) □ $×4=24$

7 ○ 안에 >, <를 알맞게 써넣으세요.

$5×7$ ○ $6×6$

8 옳지 않은 것을 찾아 기호를 쓰세요.

㉠ $3×6=3+3+3+3+3+3$

㉡ $5×4=5+5+5+5$

㉢ $6×5=6+6+6+6$

( )

9 5×7을 계산하는 방법입니다. ☐ 안에 알맞은 수를 써넣으세요.

> 방법1 5×7은 5씩 ☐ 번 더해서 계산할 수 있습니다.
>
> 방법2 5×7은 5×6에 ☐ 를 더해서 계산할 수 있습니다.

10 공원에 6명씩 앉을 수 있는 긴 의자가 8개 있습니다. 앉을 수 있는 사람은 모두 몇 명인가요?

(   )명

11 웅이는 달걀을 하루에 3개씩 일주일 동안 먹었습니다. 웅이가 일주일 동안 먹은 달걀은 모두 몇 개인가요?

(   )개

12 곱이 가장 큰 곱셈구구를 찾아 기호를 쓰세요.

> ㉠ 2×4   ㉡ 3×3
> ㉢ 5×2   ㉣ 6×2

(   )개

13 ☐ 안에 알맞은 수를 써넣으세요.

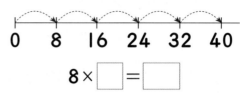

8× ☐ = ☐

2 단원

그림을 보고 물음에 답하세요. [14~15]

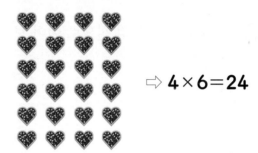

➡ 4×6=24

14 4×6은 4×3을 몇 번 더한 값과 같나요?

(   )번

15 4×6은 4×2를 몇 번 더한 값과 같은가요?

(   )번

16 ☐ 안에 알맞은 수를 써넣으세요.

8×4=(8×2)+(8× ☐)

17 ☐ 안에 알맞은 수를 써넣으세요.

(1) 8×6은 8×5보다 ☐ 만큼 더 큽니다. ⇨ $8 \times 6 = (8 \times 5) +$ ☐

(2) 9×9는 $9 \times$ ☐ 을 3번 더한 것과 같습니다.

⇨ 9×9

$= (9 \times 3) + (9 \times$ ☐ $) + (9 \times$ ☐ $)$

18 곱이 같은 것끼리 선으로 이어 보세요.

19 빈 곳에 알맞은 수를 써넣으세요.

(1)
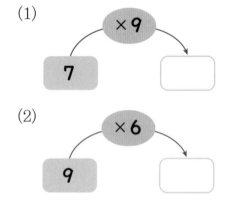

(2)

20 ☐ 안에 알맞은 수를 써넣으세요.

(1) $8 \times 4 =$ ☐ $\times 8$

(2) ☐ $\times 5 = 5 \times 9$

21 초콜릿이 한 봉지에 9개씩 담겨 있습니다. 봉지 7개에 담겨 있는 초콜릿은 모두 몇 개인가요?

( )개

22 사물함이 한 층에 8개씩 4층으로 놓여 있습니다. 학생 30명이 사물함을 각각 1개씩 사용한다면 남는 사물함은 몇 개인가요?

( )개

23 ☐ 안에 알맞은 수를 써넣으세요.

(1) ☐ $\times 3 = 3$

(2) $7 \times$ ☐ $= 7$

(3) ☐ $\times 9 = 0$

(4) $8 \times$ ☐ $= 0$

24 ◯ 안에 >, =, <를 알맞게 써넣으세요.

(1) 4×0 ◯ 0×4

(2) 5×1 ◯ 9×0

(3) 0×6 ◯ 3×1

25 꽃이 모두 몇 송이인지 알아보는 방법으로 옳은 것을 모두 찾아 기호를 쓰세요.

> ㉠ 6을 4번 더해서 구합니다.
> ㉡ 6×3에 6을 더해서 구합니다.
> ㉢ 3×6의 곱으로 구합니다.
> ㉣ 6×4를 이용하여 구합니다.

(   )

26 구슬은 모두 몇 개인지 **2**가지 곱셈식으로 써 보세요.

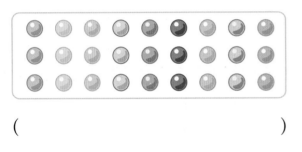

(   )

면봉을 사용하여 그림과 같이 삼각형을 만들고 있습니다. 물음에 답하세요. [27~28]

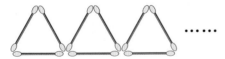

27 삼각형 1개를 만드는 데 필요한 면봉은 몇 개인가요?

(   )개

28 삼각형 **9**개를 만드는 데 필요한 면봉은 모두 몇 개인가요?

(   )개

29 그림과 같은 방법으로 사각형 **8**개를 만드는 데 필요한 면봉은 모두 몇 개인가요?

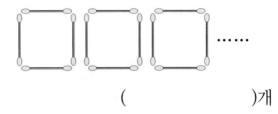

(   )개

30 가와 같은 삼각형이 **5**개, 나와 같은 사각형이 **6**개 있습니다. 삼각형과 사각형의 꼭짓점의 수의 합을 구하세요.

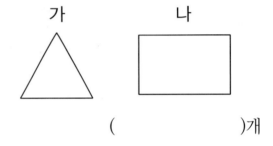

(   )개

31 오리와 거북 중에서 어느 것의 다리가 더 많나요?

(   )

32 운동장에 다음과 같이 두발자전거와 세발자전거가 있습니다. 자전거의 바퀴는 모두 몇 개인가요?

(   )개

상연이는 과녁 맞히기 놀이를 하여 다음 그림과 같이 맞혔습니다. 물음에 답하세요.

[33~36]

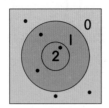

33 0점을 맞혀 얻은 점수는 몇 점인가요?

(　　　)점

34 1점을 맞혀 얻은 점수는 몇 점인가요?

(　　　)점

35 2점을 맞혀 얻은 점수는 몇 점인가요?

(　　　)점

36 상연이가 얻은 점수는 모두 몇 점인가요?

(　　　)점

37 효근이는 고리 던지기 놀이를 하여 다음과 같은 결과를 얻었습니다. 효근이가 얻은 점수는 모두 몇 점인가요?

점수	0점	1점	4점
걸린 횟수(번)	5	3	2

(　　　)점

38 빈칸에 알맞은 수를 써넣어 곱셈표를 완성하세요.

×	1	3
5		
7		

39 빈칸에 알맞은 수를 써넣어 곱셈표를 완성하세요.

×	2	4	5
3			
6			
7			

곱셈표를 보고 물음에 답하세요. [40~42]

×	1	2	3	4	5	6	7	8	9
3		6							
4				16				32	
5					25				45

40 곱셈표를 완성하세요.

41 곱이 30보다 큰 곳에 모두 색칠하세요.

42 위의 곱셈표에서 4×6과 곱이 같은 곱셈구구를 찾아보세요.

(　　　)

43 곱셈표를 완성하였을 때 ㉠과 ㉡에 알맞은 수의 합을 구하세요.

×	1	2	3	4	5	6
4	4		㉠		20	
5	5	10		20		
6	6	12				㉡

(   )

44 ㉠과 ㉡에 알맞은 수를 각각 구하세요.

$$5 \times 3 = 3 \times ㉠$$

$$7 \times ㉡ = 6 \times 7$$

㉠ (   ), ㉡ (   )

45 보기에서 규칙을 찾아 빈 곳에 알맞은 수를 써넣으세요.

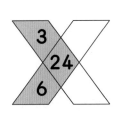

46 배가 한 상자에 8개씩 담겨 있습니다. 배 7상자에 담겨 있는 배는 모두 몇 개인가요?

(   )개

47 보기와 같이 숫자 카드를 한 번씩만 사용하여 곱셈식을 만들어 보세요.

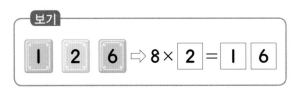

(1)
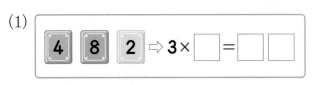

$$3 \times \square = \square\square$$

(2)

$$2 \quad 4 \quad 6 \Rightarrow 7 \times \square = \square\square$$

48 곱셈표에서 3×6과 곱이 같은 곱셈구구를 찾아 써 보세요.

$$\square \times \square = \square$$

$$\square \times \square = \square$$

$$\square \times \square = \square$$

49 운동장에 남학생이 7명씩 3줄, 여학생이 9명씩 2줄로 서 있습니다. 운동장에 서 있는 학생은 모두 몇 명인가요?

(   )명

50 우유가 4개씩 7줄, 요구르트가 5개씩 6줄로 놓여 있습니다. 우유와 요구르트 중 어느 것이 몇 개 더 많은가요?

(   )가 (   )개

1 빈 곳에 알맞은 수를 써넣으세요.

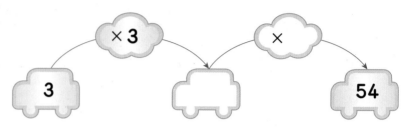

곱셈구구를 이용하여 ㉠과 ㉡에 알맞은 수를 찾아봅니다.

2 ㉠과 ㉡에 알맞은 수를 찾아 두 수의 곱을 구하세요.

$$㉠ \times 2 = 12 \qquad 9 \times ㉡ = 72$$

(   )

3 어떤 수인지 구하세요.

- 7단 곱셈구구의 수입니다.
- 50보다 큰 홀수입니다.

(   )

4 5단 곱셈표입니다. 5단 곱셈구구에서 일의 자리 숫자들은 어떤 규칙이 있는지 써 보세요.

×	1	2	3	4	5	6	7	8	9
5	5	10	15	20	25	30	35	40	45

_____

_____

5 운동장에 남학생이 **4**명씩 **6**줄, 여학생이 **8**명씩 **4**줄로 서 있습니다. 이 학생들을 다시 **7**명씩 세우면 몇 줄이 되나요?

( )줄

6 다음과 같이 규칙적으로 야구공을 놓을 때 여섯째 사각형에 들어 있는 공은 몇 개인가요?

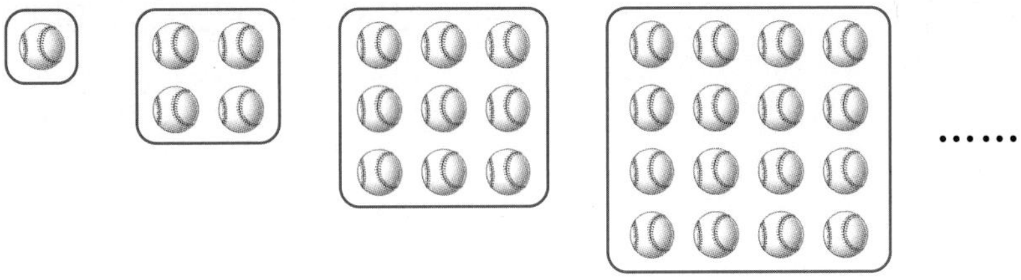

( )개

7 동화책을 하루에 상연이는 **7**쪽씩, 석기는 **9**쪽씩 읽습니다. **1**주일 동안 두 사람이 읽는 동화책은 모두 몇 쪽인가요?

( )쪽

8 한초 삼촌의 나이는 한초 나이의 **4**배보다 **6**살 적습니다. 한초의 나이가 **9**살일 때 삼촌의 나이는 몇 살인가요?

( )살

먼저 6×□의 □ 안에 2, 3, 4, 5를 차례로 넣어 그 곱을 알아봅니다.

먼저 이겨서 얻은 점수, 비겨서 얻은 점수, 져서 얻은 점수를 각각 구해 봅니다.

9 수 카드 4장 중 3장을 □에 놓아 식이 성립하도록 하세요.

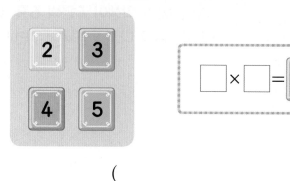

(   )

10 동민이네 학교 2학년의 발야구 대회의 결과입니다. 이기면 4점, 비기면 1점, 지면 0점을 얻는다고 할 때 1반이 얻은 점수는 모두 몇 점인가요?

	이긴 횟수	비긴 횟수	진 횟수
1반	3	4	2

(   )점

11 오른쪽 곱셈구구표를 점선을 따라 접었을 때 ⊙과 만나는 칸에서 오른쪽으로 1칸 움직인 곳에 알맞은 수는 얼마인가요?

×	4	5	6	7	8
4					
5					⊙
6					
7					
8					

(   )

12 면봉 27개를 사용하여 다음과 같이 삼각형을 만들고 있습니다. 만들 수 있는 삼각형은 모두 몇 개인가요?

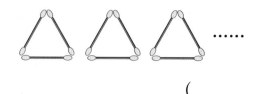

(   )개

맞힌 개수
① 0점 ⇨ 1개
② 1점 ⇨ 3개
③ 3점 ⇨ 4개
④ 5점 ⇨ 2개

13 석기는 과녁 맞히기 놀이를 하여 오른쪽 그림과 같은 결과를 얻었습니다. 석기가 얻은 점수는 모두 몇 점인가요?

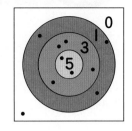

(   )점

14 책상 6개와 의자 20개가 있습니다. 책상 1개에 의자를 4개씩 놓으려고 할 때 더 필요한 의자는 몇 개인가요?

(   )개

15 학생을 6명씩 3줄로 세우고 나면 2명이 남습니다. 학생 모두를 한 줄에 4명씩 세우면 몇 줄이 되나요?

(   )줄

16 상연이는 8살입니다. 상연이 아버지는 상연이 나이의 5배보다 2살이 적습니다. 상연이 아버지는 상연이보다 몇 살 더 많나요?

(   )살

01

곱이 18이 되는 곱셈구구를 생각합니다.

⬤와 ⭐은 각각 얼마인가요?

$$⬤ \times ⭐ = 18$$
$$⬤ - ⭐ = 3$$

⬤ (   )

⭐ (   )

02

$4 \times 7 < 5 \times \square < 6 \times 7$
$\Rightarrow 28 < 5 \times \square < 42$

☐ 안에 들어갈 수 있는 수를 모두 구하세요.

$$4 \times 7 < 5 \times \square < 6 \times 7$$

(   )

03

같은 수를 두 번 곱했을 때 곱의 십의 자리 숫자가 3인 경우를 찾습니다.

⬤와 ■는 얼마인지 각각 구하세요.

$$⬤ \times ⬤ = 3⬤ , \quad ■ \times ⬤ = 42$$

⬤ (   )   ■ (   )

04

규칙에 맞도록 빈칸에 알맞은 수를 써넣으세요.

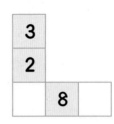
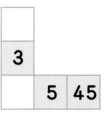

2
단원

05

♥는 한 자리 수입니다. ♥가 나타내는 수를 구하세요.

♥+♥+♥+♥+♥+♥
=6×♥

♥+♥+♥+♥+♥+♥=4♥

(   )

06

다음 조건을 모두 만족하는 어떤 수를 구하세요.

(어떤 수)×3＞20
5×(어떤 수)＜40

• 어떤 수와 **3**의 곱은 **20**보다 큽니다.
• **5**와 어떤 수의 곱은 **40**보다 작습니다.

(   )

07

20<(사탕의 개수)<50
(사탕의 개수)=8×□
(사탕의 개수)=6×△+2

유승이는 사탕을 몇 개 가지고 있습니다. 다음을 보고 유승이가 가지고 있는 사탕이 몇 개인지 구하세요.

• 사탕의 개수는 **20**개보다 많고 **50**개보다 적습니다.
• 봉지에 사탕을 **8**개씩 넣었더니 남는 사탕은 없습니다.
• 봉지에 사탕을 **6**개씩 넣었더니 **2**개가 남았습니다.

(   )개

08

다음 식에서 ★의 값은 얼마인지 구하세요.

$$★+★+★+★+★+★+★=♥$$
$$♥+★=56$$

(   )

09

다음 계산 결과에서 일의 자리 숫자는 어떤 수인지 구하세요.

$$\underbrace{37+37+37+\cdots+37+37+37}_{29개}$$

(   )

10

다음을 모두 만족하는 어떤 수를 구하세요.

> • 어떤 수는 **7**단 곱셈구구의 곱입니다.
> • 어떤 수는 **6**단 곱셈구구의 곱보다 **2**만큼 더 큰 수입니다.
> • 어떤 수는 **9**단 곱셈구구의 곱보다 **2**만큼 더 큰 수입니다.

2
단원

(   )

11

(어떤 수)×**1**=(어떤 수)
(어떤 수)×**0**=**0**

5장의 수 카드 중에서 **2**장을 뽑아 두 수의 곱을 구하려고 합니다. 유승이가 만든 곱은 **7**이고 수빈이가 만든 곱은 **0**입니다. 만들 수 있는 두 수의 곱 중 가장 큰 곱을 구하세요.

(   )

12

오른쪽은 곱셈표의 일부를 잘라낸 것입니다.
㉠에 알맞은 수를 구하세요.

30		
	42	
42		㉠

(   )

그림을 보고 ☐ 안에 알맞은 수를 써넣으세요. [1~2]

1

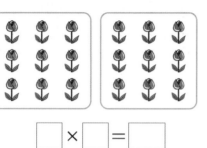

☐ × ☐ = ☐

2

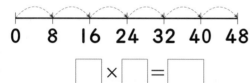

0 8 16 24 32 40 48

☐ × ☐ = ☐

3 ☐ 안에 알맞은 수를 써넣으세요.

(1) 3 × 4 = ☐

(2) 5 × 6 = ☐

(3) 7 × 2 = ☐

(4) 9 × 3 = ☐

4 ☐ 안에 알맞은 수를 써넣으세요.

3 × 7은 3 × 6보다 ☐ 만큼 더 큽니다.

⇨ 3 × 7 = (3 × 6) + ☐

빈칸에 알맞은 수를 써넣으세요. [5~6]

5

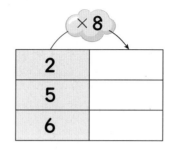

×8	
2	
5	
6	

6

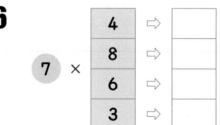

7 ×

4	⇨	
8	⇨	
6	⇨	
3	⇨	

7 관계있는 것끼리 선으로 이어 보세요.

8 × 5 •   • 40

6 × 2 •   • 28

4 × 7 •   • 12

빈 곳에 알맞은 수를 써넣으세요. **[8~9]**

8

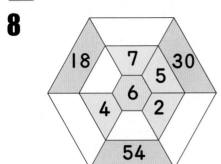

9

10 4단 곱셈구구의 곱이 <u>아닌</u> 것을 찾아 기호를 쓰세요.

ㄱ 24   ㄴ 12   ㄷ 28   ㄹ 34

(   )

11 빈 곳에 알맞은 수를 써넣으세요.

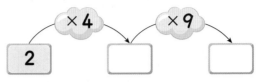

12 곱이 가장 큰 것부터 차례대로 기호를 쓰세요.

ㄱ 1×9   ㄴ 6×0   ㄷ 2×4

(   )

13 ◯ 안에 >, =, <를 알맞게 써넣으세요.

(1) 8×0 ◯ 1×5

(2) 0×9 ◯ 1×1

14 ☐ 안에 알맞은 수를 써넣으세요.

(1) 5× ☐ =35

(2) ☐ ×8=24

15 관계있는 것끼리 선으로 연결한 것입니다. □ 안에 알맞은 수를 써넣으세요.

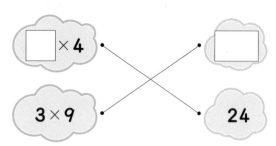

16 □ 안에 들어갈 수 있는 수를 모두 쓰세요.

$$3 \times 7 < \square < 24$$

(   )

17 빈칸에 알맞은 수를 써넣으세요.

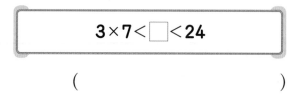

18 필통이 한 상자에 **8**개씩 들어 있습니다. **7**상자에 들어 있는 필통은 모두 몇 개인가요?

식 _____

답 _____ 개

19 농장에 오리 **9**마리와 염소 **3**마리가 있습니다. 농장에 있는 동물의 다리는 모두 몇 개인지 풀이 과정을 쓰고 답을 구하세요.

풀이 _____

_____

_____

_____

_____

답 _____ 개

20 예슬이는 수수깡을 **5**개씩 **6**묶음 가지고 있고 석기는 예슬이보다 **5**개 적게 가지고 있습니다. 석기가 가지고 있는 수수깡은 모두 몇 개인지 풀이 과정을 쓰고 답을 구하세요.

풀이 _____

_____

_____

_____

_____

_____

답 _____ 개

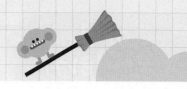

단원 3 길이 재기

1 cm보다 더 큰 단위 알아보기

(1) 1 m 알아보기
- 100 cm를 1미터라고 합니다.
- 1미터는 1 m라고 씁니다.

$$100 \text{ cm} = 1 \text{ m}$$

(2) 몇 m 몇 cm 알아보기
- 130 cm를 1 m 30 cm라고도 씁니다.
- 1 m 30 cm를 1미터 30센티미터라고 읽습니다.

$$130 \text{ cm} = 1 \text{ m } 30 \text{ cm}$$

2 자로 길이 재기

- 줄자를 사용하여 물건의 길이 재는 방법
  ① 물건의 한끝을 줄자의 눈금 0에 맞춥니다.
  ② 물건의 다른 쪽 끝에 있는 줄자의 눈금을 읽습니다.

3 길이의 합 구하기

- 1 m 40 cm + 1 m 30 cm의 계산

$$1+1=2$$

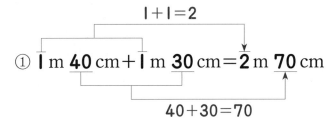

① $1 \text{ m } 40 \text{ cm} + 1 \text{ m } 30 \text{ cm} = 2 \text{ m } 70 \text{ cm}$

$$40+30=70$$

②
```
    1 m  40 cm
  + 1 m  30 cm
```
먼저 같은 단위끼리 자리를 맞춰 씁니다.

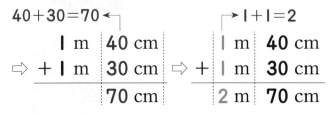

m는 m끼리, cm는 cm끼리 더합니다.

확인문제

1 길이를 바르게 읽어 보세요.

3 m 20 cm

(   )

2 □ 안에 알맞은 수를 써넣으세요.

(1) $200 \text{ cm} = \boxed{} \text{ m}$

(2) $350 \text{ cm} = \boxed{} \text{ m} \boxed{} \text{ cm}$

(3) $4 \text{ m } 25 \text{ cm} = \boxed{} \text{ cm}$

(4) $6 \text{ m } 37 \text{ cm} = \boxed{} \text{ cm}$

3 자의 눈금을 읽어 보세요.

$\boxed{} \text{ m} \boxed{} \text{ cm}$

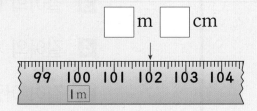

4 계산을 해 보세요.

(1) $7 \text{ m } 57 \text{ cm} + 1 \text{ m } 40 \text{ cm}$

$= \boxed{} \text{ m} \boxed{} \text{ cm}$

(2) $3 \text{ m } 36 \text{ cm} + 2 \text{ m } 52 \text{ cm}$

$= \boxed{} \text{ m} \boxed{} \text{ cm}$

(3)
```
      1 m   5 0 cm
  +   6 m   1 8 cm
  ─────────────────
    □ m  □ cm
```

5 색 테이프의 전체 길이를 구하세요.

1 m 15 cm   1 m 60 cm

⇨ $\boxed{} \text{ m} \boxed{} \text{ cm}$

4 길이의 차 구하기

• 2 m 60 cm − 1 m 40 cm 의 계산

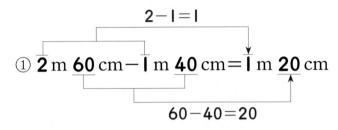

① 2 m 60 cm − 1 m 40 cm = 1 m 20 cm

2 − 1 = 1
60 − 40 = 20

②
$$\begin{array}{r} 2\text{ m }\ 60\text{ cm} \\ -\ 1\text{ m }\ 40\text{ cm} \\ \hline \end{array}$$
먼저 같은 단위끼리 자리를 맞춰 씁니다.

60 − 40 = 20

$$\Rightarrow \begin{array}{r} 2\text{ m}\ \vert\ 60\text{ cm} \\ -\ 1\text{ m}\ \vert\ 40\text{ cm} \\ \hline \vert\ 20\text{ cm} \end{array}$$

2 − 1 = 1

$$\Rightarrow \begin{array}{r} 2\text{ m}\ \vert\ 60\text{ cm} \\ -\ 1\text{ m}\ \vert\ 40\text{ cm} \\ \hline 1\text{ m}\ \vert\ 20\text{ cm} \end{array}$$

m는 m끼리, cm는 cm끼리 뺍니다.

5 길이 어림하기

(1) 내 몸의 일부를 이용하여 1 m 재어 보기
 • 1 m는 뼘으로 몇 번 정도가 되는지 재어 보기
  ⇨ 예 7번
 • 1 m는 걸음으로 몇 걸음 정도가 되는지 재어 보기 ⇨ 예 2걸음

(2) 내 몸에서 약 1 m 찾아보기
 키 또는 양팔 사이의 길이에서 약 1 m를 찾을 수 있습니다.

(3) 1 m보다 긴 길이 어림하기
 • 축구 골대의 길이 어림하기
  ⇨ 예 1걸음이 약 50 cm일때 10걸음이 나오면 약 5 m
 • 축구 골대 길이의 2배인 10 m를 기준으로 20 m, 30 m 등의 길이를 어림할 수 있습니다.

확인문제

3단원

6 계산을 해 보세요.

(1) 8 m 27 cm − 4 m 15 cm
 = ☐ m ☐ cm

(2)
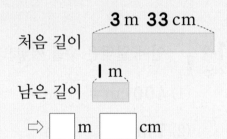

7 사용한 색 테이프의 길이는 몇 m 몇 cm인지 구해 보세요.

처음 길이 ⟶ 3 m 33 cm
남은 길이 ⟶ 1 m

⇨ ☐ m ☐ cm

8 방의 길이를 잴 때 가장 적은 횟수로 잴 수 있는 것부터 차례대로 기호를 쓰세요.

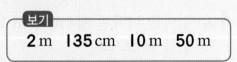

ㄱ 발 길이 ㄴ 한 걸음의 길이 ㄷ 양팔 사이의 길이

( )

9 보기에서 알맞은 길이를 골라 문장을 완성해 보세요.

보기
2 m 135 cm 10 m 50 m

• 예슬이는 2학년입니다.
• 예슬이의 키는 약 ☐ 입니다.

유형 1 cm보다 더 큰 단위 알아보기

□ 안에 알맞은 수를 써넣으세요.

180 cm = □ m □ cm

3 m 25 cm = □ cm

1-1 길이를 바르게 읽어 보세요.

5 m 43 cm

(   )

1-2 □ 안에 알맞은 수를 써넣으세요.

(1) 400 cm = □ m

(2) 7 m = □ cm

(3) 620 cm = □ m □ cm

(4) 8 m 54 cm = □ cm

1-3 관계있는 것끼리 선으로 이어 보세요.

200 cm	·	·	740 cm
7 m 40 cm	·	·	5 m 75 cm
575 cm	·	·	2 m

1-4 길이를 나타낼 때 cm와 m 중 알맞은 단위를 써 보세요.

(1) 빌딩의 높이 ⇨ (   )

(2) 연필의 길이 ⇨ (   )

(3) 버스의 길이 ⇨ (   )

유형 2 자로 길이 재기

줄자를 이용하여 책상의 길이를 재는 과정입니다. □ 안에 알맞은 수를 써넣으세요.

① 책상의 한끝을 줄자의 눈금 □ 에 맞춥니다.

② 책상의 다른 쪽 끝에 있는 줄자의 눈금을 읽습니다.

③ 눈금이 120이면 책상의 길이는 □ m □ cm입니다.

2-1 □ 안에 알맞은 수를 써넣으세요.

(1) □ m □ cm

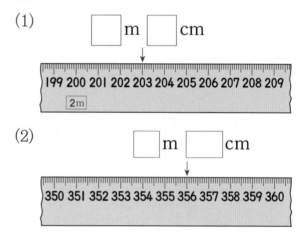

(2) □ m □ cm

2-2 줄넘기의 길이는 몇 m 몇 cm인가요?

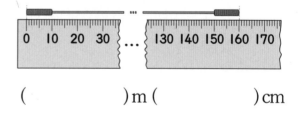

(   ) m (   ) cm

2-3 색 테이프의 길이는 몇 m 몇 cm인가요?

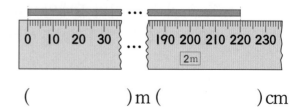

(   ) m (   ) cm

유형 3 길이의 합 구하기

□ 안에 알맞은 수를 써넣으세요.

$$\begin{array}{r} 1 \text{ m} \quad 3\,2 \text{ cm} \\ + \ 2 \text{ m} \quad 4\,7 \text{ cm} \\ \hline \boxed{} \text{ m} \ \boxed{} \text{ cm} \end{array}$$

3-1 □ 안에 알맞은 수를 써넣으세요.

$$\begin{array}{r} 2 \text{ m} \quad 4\,0 \text{ cm} \\ + \ 5 \text{ m} \quad 3\,4 \text{ cm} \\ \hline \boxed{} \text{ m} \ \boxed{} \text{ cm} \end{array}$$

3-2 길이의 합을 구해 보세요.

(1)
$$\begin{array}{r} 5 \text{ m} \quad 6\,2 \text{ cm} \\ + \ 3 \text{ m} \quad 1\,3 \text{ cm} \\ \hline \boxed{} \text{ m} \ \boxed{} \text{ cm} \end{array}$$

(2)
$$\begin{array}{r} 2 \text{ m} \quad 2\,5 \text{ cm} \\ + \ 4 \text{ m} \quad 3\,5 \text{ cm} \\ \hline \boxed{} \text{ m} \ \boxed{} \text{ cm} \end{array}$$

(3) 6 m 40 cm＋3 m 28 cm
＝□ m □ cm

(4) 8 m 39 cm＋7 m 51 cm
＝□ m □ cm

3-3 색 테이프의 전체 길이는 몇 m 몇 cm 인가요?

1 m 65 cm   1 m 20 cm

⇨ □ m □ cm

3-4 빈 곳에 알맞은 길이를 써넣으세요.

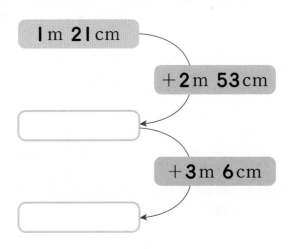

1 m 21 cm

＋2 m 53 cm

＋3 m 6 cm

3-5 가장 긴 길이와 가장 짧은 길이의 합은 몇 m 몇 cm인가요?

| 2 m 25 cm   239 cm   2 m 8 cm |

(   )m (   )cm

3-6 길이를 비교하여 ◯ 안에 ＞, ＜를 알맞 게 써넣으세요.

(1) 3 m 33 cm＋2 m 51 cm
◯ 5 m 79 cm

(2) 4 m 18 cm＋5 m 38 cm
◯ 9 m 60 cm

3-7 길이가 가장 긴 것부터 차례대로 기호를 써 보세요.

㉠ 1 m 52 cm＋3 m 28 cm
㉡ 2 m 40 cm＋2 m 42 cm
㉢ 3 m 5 cm＋1 m 70 cm
㉣ 2 m 10 cm＋3 m 3 cm

(   )

3
단원

유형 4 길이의 차 구하기

□ 안에 알맞은 수를 써넣으세요.

```
    8  m    5 7  cm
 −  5  m    2 4  cm
 ─────────────────
    □  m   □  cm
```

4-1 그림을 보고 □ 안에 알맞은 수를 써넣으세요.

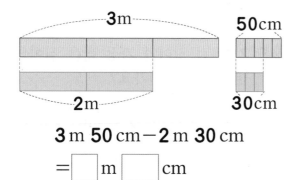

3 m 50 cm − 2 m 30 cm

= □ m □ cm

4-2 길이의 차를 구해 보세요.

(1)
```
    6  m    4 5  cm
 −  3  m    2 2  cm
 ─────────────────
    □  m   □  cm
```

(2) 8 m 64 cm − 3 m 28 cm

= □ m □ cm

4-3 사용한 색 테이프의 길이는 몇 m 몇 cm 인가요?

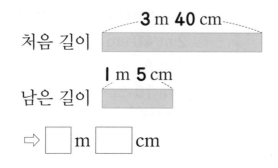

처음 길이 ⟵ 3 m 40 cm

남은 길이 ⟵ 1 m 5 cm

⇒ □ m □ cm

4-4 길이를 비교하여 ○ 안에 >, =, <를 알맞게 써넣으세요.

8 m 49 cm − 3 m 21 cm

○ 5 m 18 cm

4-5 길이가 1 m 20 cm인 고무줄이 있습니다. 이 고무줄을 양쪽에서 잡아당겼더니 2 m 95 cm가 되었습니다. 늘어난 길이는 몇 m 몇 cm인가요?

(   ) m (   ) cm

4-6 길이가 가장 짧은 것부터 차례대로 기호를 써 보세요.

㉠ 5 m 95 cm − 2 m 83 cm
㉡ 4 m 27 cm − 1 m 6 cm
㉢ 6 m 20 cm − 3 m 11 cm

(   )

4-7 숫자 카드 6장을 모두 사용하여 가장 긴 길이와 가장 짧은 길이를 만들고 그 차를 구해 보세요.

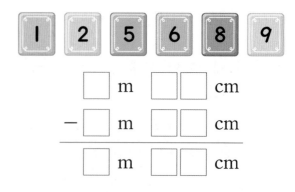

```
    □  m   □ □  cm
 −  □  m   □ □  cm
 ─────────────────
    □  m   □ □  cm
```

유형 5 | 길이 어림하기

지혜는 다음과 같이 양팔 사이의 길이를 이용하여 칠판의 긴 쪽의 길이를 재었습니다. 지혜의 양팔 사이의 길이가 약 1 m일 때, 칠판의 긴 쪽의 길이는 약 몇 m인가요?

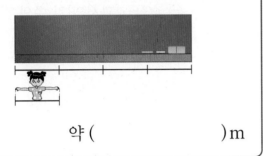

약 (   ) m

5-1 내 몸을 이용하여 교실의 긴 쪽의 길이를 잴 때 어느 부분으로 재는 것이 가장 적당한지 보기에서 찾아 기호를 쓰세요.

보기

(   )

5-2 길이가 1 m인 막대로 꽃밭의 긴 쪽의 길이를 어림하였습니다. 꽃밭의 긴 쪽의 길이는 약 몇 m인가요?

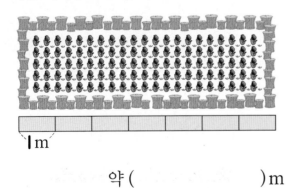

약 (   ) m

5-3 한초네 학급에 있는 사물함 한 칸의 높이는 약 30 cm입니다. 사물한 4칸의 높이는 약 몇 cm인가요?

약 (   ) cm

5-4 길이가 1 m보다 긴 것을 모두 찾아 기호를 써 보세요.

㉠ 자동차의 길이   ㉡ 운동화의 길이
㉢ 색연필의 길이   ㉣ 건물의 높이
㉤ 줄넘기의 길이

(   )

3
단원

5-5 주어진 1 m로 끈의 길이를 어림하였습니다. 어림한 끈의 길이는 약 몇 m인가요?

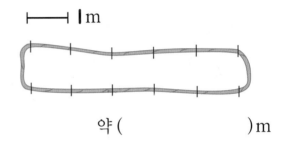

약 (   ) m

5-6 실제 길이에 가까운 것을 찾아 이어 보세요.

축구 골대의 길이	•		•	10 m
3층 건물의 높이	•		•	5 m
농구 선수의 키	•		•	2 m

5-7 보기에서 알맞은 길이를 골라 문장을 완성해 보세요.

보기
30 m   120 cm   10 m   100 m

(1) 축구 경기장의 긴 쪽의 길이는
약 [   ] 입니다.

(2) 버스의 길이는 약 [   ] 입니다.

1 길이를 바르게 읽어 보세요.

(1) **3 m 50 cm** (   )

(2) **2 m 89 cm** (   )

(3) **5 m 47 cm** (   )

2 ☐ 안에 알맞은 수를 써넣으세요.

(1) **600 cm** = ☐ **m**

(2) **8 m** = ☐ **cm**

(3) **380 cm** = ☐ **m** ☐ **cm**

(4) **4 m 39 cm** = ☐ **cm**

3 관계있는 것끼리 선으로 이어 보세요.

700 cm	•	•	4 m 87 cm
5 m 12 cm	•	•	512 cm
487 cm	•	•	7 m

4 cm와 m 중 알맞은 단위를 써 보세요.

(1) 연필의 길이는 약 **16** ☐ 입니다.

(2) 운동장의 짧은 쪽의 길이는 약 **50** ☐ 입니다.

5 길이가 **1 m**가 넘는 물건을 모두 찾아 기호를 써 보세요.

> ㉠ 교실 문의 높이
> ㉡ 크레파스의 길이
> ㉢ 수학 교과서의 긴 쪽의 길이
> ㉣ 칠판의 긴 쪽의 길이

(   )

6 다음 중 옳은 것을 모두 찾아 기호를 써 보세요.

> ㉠ **375 cm** = **37 m 5 cm**
> ㉡ **2 m 8 cm** = **280 cm**
> ㉢ **407 cm** = **4 m 7 cm**
> ㉣ **6 m 9 cm** = **609 cm**

(   )

7 자의 눈금을 읽어 보세요.

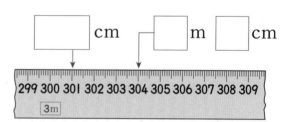

☐ cm   ☐ m ☐ cm

8 막대의 길이는 몇 m 몇 cm인가요?

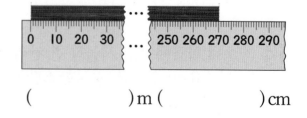

(   ) m (   ) cm

9 계산을 해 보세요.

(1)
```
    2 m   3 6 cm
  + 1 m   2 3 cm
  ─────────────
    □ m     □ cm
```

(2)
```
    8 m   6 6 cm
  − 5 m   2 4 cm
  ─────────────
    □ m     □ cm
```

(3) 3 m 13 cm + 4 m 29 cm

(   ) m (   ) cm

(4) 6 m 42 cm − 4 m 37 cm

(   ) m (   ) cm

두 길이의 합과 차는 각각 몇 m 몇 cm인지 알아보려고 합니다. 물음에 답하세요.

[10~12]

```
  342 cm        1 m 28 cm
```

10 342 cm는 몇 m 몇 cm인가요?

(   ) m (   ) cm

11 두 길이의 합은 몇 m 몇 cm인가요?

(   ) m (   ) cm

12 두 길이의 차는 몇 m 몇 cm인가요?

(   ) m (   ) cm

13 그림과 같은 색 테이프 2개를 겹치지 않게 이어 붙였습니다. 이어 붙인 색 테이프의 길이는 몇 m 몇 cm인가요?

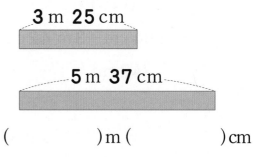

(   ) m (   ) cm

3 단원

14 빈 곳에 알맞은 길이를 써넣으세요.

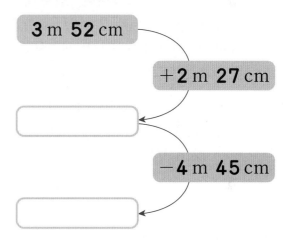

15 가장 긴 길이와 가장 짧은 길이의 차는 몇 m 몇 cm인가요?

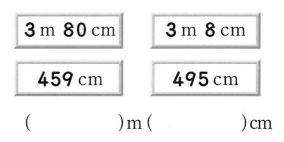

(   ) m (   ) cm

16 길이를 비교하여 ◯ 안에 >, =, <를 알맞게 써넣으세요.

(1) **2 m 40 cm + 1 m 26 cm**

◯ **4 m 2 cm**

(2) **5 m 84 cm − 3 m 42 cm**

◯ **242 cm**

17 예슬이는 길이가 **4 m 85 cm**인 색 테이프를 가지고 있었습니다. 친구에게 얼마만큼 잘라 주었더니 **2 m 75 cm**가 되었습니다. 친구에게 준 색 테이프는 몇 m 몇 cm인가요?

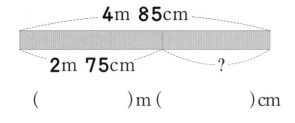

(   ) m (   ) cm

18 ☐ 안에 알맞은 수를 구하세요.

3 m 28 cm + 5 m ☐ cm = 8 m 72 cm

(   )

🐛 다음을 보고 물음에 답하세요. [19~21]

> ㉠ **2 m 63 cm + 125 cm**
> ㉡ **5 m 48 cm − 345 cm**
> ㉢ **321 cm + 1 m 74 cm**
> ㉣ **958 cm − 6 m 37 cm**

19 길이가 가장 긴 것을 찾아 기호를 쓰세요.

(   )

20 길이가 **3 m**와 **4 m** 사이인 것을 모두 찾아 기호를 쓰세요.

(   )

21 길이가 가장 짧은 것부터 차례대로 기호를 쓰세요.

(   )

22 관계있는 것끼리 선으로 이어 보세요.

5 m 27 cm + 1 m 45 cm •	• 662 cm
9 m 86 cm − 3 m 24 cm •	• 672 cm

길이가 **5 m 52 cm**인 끈과 **228 cm**인 끈이 있습니다. 물음에 답하세요. [23~25]

> **5m 52cm**

> **228cm**

23 두 끈의 길이의 합은 몇 m 몇 cm인가요?

(   )m (   )cm

24 두 끈의 길이의 차는 몇 cm인가요?

(   )cm

25 석기가 긴 끈 중 **440 cm**를 사용하고, 예슬이가 짧은 끈 중 **1 m 8 cm**를 사용할 때 남는 끈의 길이가 더 긴 사람은 누구인가요?

(   )

26 가영이의 키는 **132 cm**이고, 아버지의 키는 가영이의 키보다 **43 cm** 더 큽니다. 아버지의 키는 몇 m 몇 cm인가요?

(   )m (   )cm

27 삼각형에서 가장 긴 변과 가장 짧은 변의 길이의 차는 몇 m 몇 cm인가요?

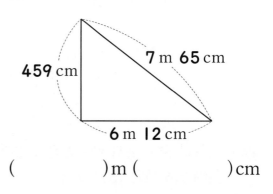

(   )m (   )cm

28 높이가 **3 m 55 cm**인 계단 위에 키가 **129 cm**인 가영이가 서 있습니다. 계단 밑에서부터 가영이의 머리 꼭대기까지의 높이는 몇 m 몇 cm인가요?

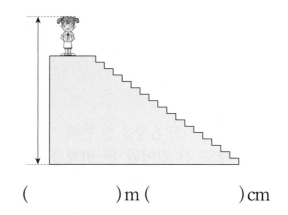

(   )m (   )cm

29 ☐ 안에 알맞은 수를 써넣으세요.

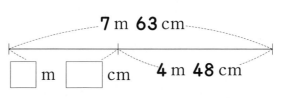

30 □ 안에 알맞은 수를 써넣으세요.

$$6 \text{ m } \boxed{} \text{ cm}$$
$$+ \boxed{} \text{ m } 2\,5 \text{ cm}$$
$$\overline{9 \text{ m } 4\,8 \text{ cm}}$$

다음과 같이 숫자 카드 6장이 있습니다. 물음에 답하세요. [31~32]

| 1 | 2 | 3 | 5 | 9 | 7 |

31 숫자 카드 6장을 한 번씩 사용하여 가장 긴 길이와 가장 짧은 길이를 만들고 그 합을 구하세요.

$$\boxed{} \text{ m } \boxed{}\boxed{} \text{ cm}$$
$$+ \boxed{} \text{ m } \boxed{}\boxed{} \text{ cm}$$
$$\overline{\boxed{} \text{ m } \boxed{} \text{ cm}}$$

32 숫자 카드 6장을 한 번씩 사용하여 두 번째로 긴 길이와 두 번째로 짧은 길이를 만들고 그 차를 구하세요.

$$\boxed{} \text{ m } \boxed{}\boxed{} \text{ cm}$$
$$- \boxed{} \text{ m } \boxed{}\boxed{} \text{ cm}$$
$$\overline{\boxed{} \text{ m } \boxed{} \text{ cm}}$$

33 가로가 8 m 45 cm, 세로가 218 cm인 벽이 있습니다. 이 벽의 가로와 세로 길이의 차는 몇 m 몇 cm인가요?

( ) m ( ) cm

상연, 예슬, 웅이의 대화를 읽고 물음에 답하세요. [34~35]

> 상연: 내가 가지고 있는 철사의 길이는 330 cm야.
> 예슬: 나는 2 m 90 cm의 철사를 가지고 있어.
> 웅이: 나는 상연이가 가지고 있는 것보다 15 cm 더 짧아.

34 3 m에 가장 가까운 길이의 철사를 가진 사람은 누구인가요?

( )

35 37에서 그렇게 답한 이유를 쓰세요.

이유 _____

_____

_____

_____

_____

보기에서 알맞은 길이를 골라 문장을 완성하세요. [36~37]

> 보기
> 30 cm   160 cm   12 m   50 m

36 학교 건물의 높이는 □ 입니다.

37 운동장에 있는 철봉의 높이는 □ 입니다.

38 다음은 내 몸의 일부를 이용하여 잰 길이에 대해 말한 것입니다. 잘못 말한 사람은 누구인가요?

> 동민: 줄넘기의 길이는 내 뼘으로 20뼘 정도야.
>
> 한초: 강당의 긴 쪽의 길이는 내 한 걸음의 길이로 5걸음이야.
>
> 석기: 지우개의 길이는 내 손가락 너비로 3번쯤이야.

(   )

39 다음 중 복도의 긴 쪽의 길이를 재는 데 가장 적은 횟수로 잴 수 있는 것은 어느 것인지 기호를 찾아 쓰세요.

> ㉠ 한 뼘
> ㉡ 발 길이
> ㉢ 한 걸음의 길이
> ㉣ 양팔 사이의 길이

(   )

40 석기네 학교 운동장의 짧은 쪽의 길이는 석기의 걸음으로 80걸음입니다. 석기의 두 걸음이 1 m라면 운동장의 짧은 쪽의 길이는 약 몇 m인가요?

약 (   ) m

41 길이가 5 m보다 긴 것을 모두 찾아 기호를 쓰세요.

> ㉠ 버스의 길이   ㉡ 내 방의 높이
> ㉢ 우산의 길이   ㉣ 남산의 높이

(   )

42 실제 길이에 가까운 것을 찾아 이어 보세요.

2층 건물의 높이 •	• 20 cm
필통의 길이 •	• 1 m 30 cm
내 친구의 키 •	• 7 m

다음을 읽고 물음에 답하세요. [43~44]

> 가영: 나는 매일 아침에 줄넘기를 해. 내가 가지고 있는 줄넘기의 길이는 약 160 cm야.
>
> 규형: 아빠와 등산을 했어. 산의 높이가 약 386 cm였어.
>
> 한초: 다 자란 어른 기린의 키는 약 5 m 정도 된다고 하네.

43 바르게 말한 사람을 모두 찾아 쓰세요.

(   )

44 바르게 말하지 않은 사람이 누구인지 찾고, 바르지 않은 부분을 바르게 고쳐 보세요.

(   ), (   )

작은 눈금 1칸의 길이는 20 cm 를 나타냅니다.

1 영수, 웅이, 석기는 멀리뛰기를 하였습니다. 영수는 1 m 42 cm, 웅이 는 155 cm, 석기는 1 m 64 cm를 뛰었습니다. 가장 멀리 뛴 학생부 터 차례대로 이름을 쓰세요.

(   )

2 나무 막대의 길이는 몇 m 몇 cm인가요?

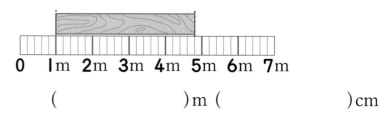

(   )m (   )cm

눈금 한 칸의 길이를 먼저 알아 봅니다.

3 나무의 높이가 6 m라면 건물의 높이는 약 몇 m인가요?

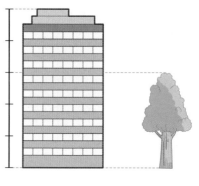

약 (   )m

(1) □+6의 일의 자리 숫자가 8이므로 □의 값을 알 수 있습니다.

4 □ 안에 알맞은 숫자를 써넣으세요.

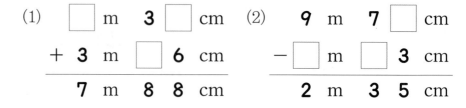

5 한초는 체육 시간에 공 던지기를 다음과 같이 하였습니다. 한초가 던진 공의 거리는 약 몇 m인가요?

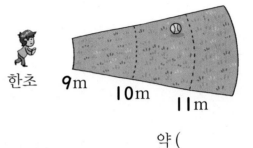

약 (   ) m

집에서 은행을 거쳐 우체국까지 가는 거리에서 집에서 우체국까지 가는 거리를 뺍니다.

6 집에서 은행을 거쳐 우체국까지 가는 거리는 집에서 우체국까지 바로 가는 거리보다 몇 m 몇 cm 더 머나요?

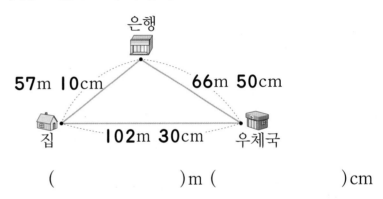

(   ) m (   ) cm

동생의 키가 몇 m 몇 cm인지를 먼저 알아봅니다.

7 한초의 키는 1 m 63 cm이고 동생의 키는 한초보다 30 cm 더 작습니다. 한초와 동생의 키의 합은 몇 m 몇 cm인가요?

(   ) m (   ) cm

8 길이가 3 m를 넘는 것을 모두 찾아 기호를 쓰세요.

> ㉠ 모니터의 긴 쪽의 길이   ㉡ 아파트의 높이
> ㉢ 책상의 짧은 쪽의 길이   ㉣ 아버지의 키
> ㉤ 교실의 긴 쪽의 길이   ㉥ 국기 계양대의 높이

(   )

9 방에서 현관까지의 거리를 한 걸음의 길이를 이용하여 재었더니 11걸음이었습니다. 한 걸음의 길이가 **50**cm일 때, 방에서 현관까지의 거리는 약 몇 m 몇 cm인가요?

약 (   ) m (   ) cm

10 1부터 **9**까지의 숫자 중 ☐ 안에 들어갈 수 있는 숫자를 모두 구하세요.

$$5\boxed{}8\,\text{cm} < 5\,\text{m}\;55\,\text{cm}$$

(   )

11 길이가 1 m **40** cm인 색 테이프 **2**개를 겹치는 부분이 1**0** cm가 되도록 이어 붙였습니다. 이어 붙인 색 테이프의 길이는 몇 m 몇 cm인가요?

1 m 40 cm

10 cm

(   ) m (   ) cm

12 철사로 미술 작품을 만드는 데 **2** m **30** cm씩 두 번 잘라 썼더니 1 m **35** cm가 남았습니다. 처음에 가지고 있던 철사의 길이는 몇 m 몇 cm인가요?

(   ) m (   ) cm

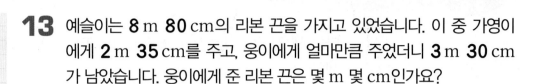

13 예슬이는 **8 m 80 cm**의 리본 끈을 가지고 있었습니다. 이 중 가영이에게 **2 m 35 cm**를 주고, 웅이에게 얼마만큼 주었더니 **3 m 30 cm**가 남았습니다. 웅이에게 준 리본 끈은 몇 m 몇 cm인가요?

(   )m (   )cm

㉠에서 ㉡까지의 길이를 먼저 구해 봅니다.

14 ㉡에서 ㉢까지의 길이는 몇 m 몇 cm입니까?

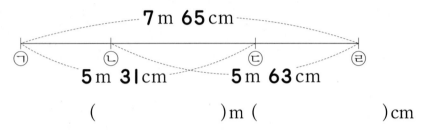

(   )m (   )cm

15 다음 그림과 같이 마주 보는 두 변의 길이가 같은 사각형 **2**개를 겹치지 않게 이어 붙여 도형을 만들었습니다. 이 도형에서 굵은 선의 길이는 몇 m 몇 cm인가요?

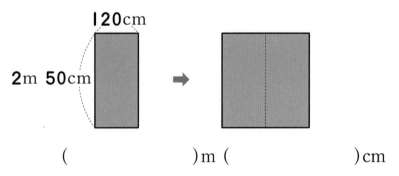

(   )m (   )cm

16 오른쪽 삼각형에서 ㄴ부터 ㄷ까지의 길이는 ㄱ부터 ㄴ까지의 길이보다 **50 cm** 더 깁니다. 이 삼각형의 세 변의 길이의 합은 몇 cm인가요?

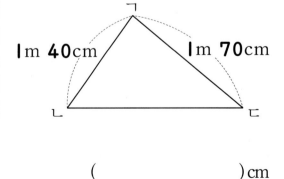

(   )cm

01

다음 세 길이의 합은 **9 m 67 cm**입니다. ㉠과 ㉡에 알맞은 수를 각각 구하세요.

| 2 m 34 cm | 4 m ㉠ cm | ㉡ m 21 cm |

㉠ (   )   ㉡ (   )

02

20 cm, 40 cm, 60 cm의 길이가 각각 몇 번씩 있는지 알아봅니다.

그림과 같이 끈으로 상자를 묶으려고 합니다. 상자를 묶는 매듭의 길이가 **50 cm**라면, 상자를 묶는 데 필요한 끈은 모두 몇 m 몇 cm인가요?

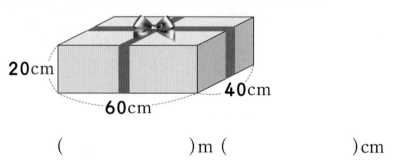

(   ) m (   ) cm

03

가, 나, 다 3개의 막대가 있습니다. 가는 나보다 **35 cm** 더 길고, 나는 다보다 **17 cm** 더 짧습니다. 다의 길이가 **2 m 21 cm**일 때, 가의 길이는 몇 m 몇 cm인가요?

(   ) m (   ) cm

04

그림과 같이 길이가 서로 다른 **6**개의 막대를 쌓았습니다. ㉮와 ㉯의 길이의 합은 몇 m 몇 cm인가요?

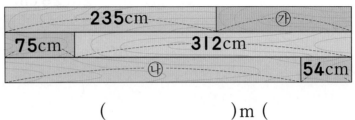

(   )m (   )cm

3
단원

05

4 m와 어림한 길이의 차가 가장 작은 사람이 가장 가깝게 어림하였습니다.

예나, 형석, 은지는 각자 어림하여 **4** m가 되도록 리본을 잘랐습니다. 자른 길이가 다음과 같을 때 **4** m에 가장 가깝게 어림한 사람은 누구인가요?

- 예나 : **413** cm
- 형석 : **3** m **85** cm
- 은지 : **4** m **8** cm

(   )

06

숫자 카드 **3**장을 한 번씩 사용하여 ☐ m ☐☐ cm인 길이를 만들려고 합니다. 만들 수 있는 가장 긴 길이와 가장 짧은 길이의 합을 구하세요.

  6

(   )m (   )cm

07 길이가 **2 m 28 cm**인 색 테이프 **4**장을 그림과 같이 **36 cm**씩 겹치게 이어 붙였습니다. 이어 붙인 색 테이프의 전체 길이는 몇 m 몇 cm인가요?

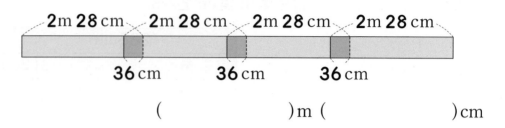

2m 28 cm   2m 28 cm   2m 28 cm   2m 28 cm

36 cm   36 cm   36 cm

(   )m (   )cm

08 다음을 읽고 키가 가장 큰 학생의 키는 몇 cm인지 구하세요.

- 형석이의 키는 **I m 45 cm**보다 **8 cm** 더 작습니다.
- 예나의 키는 형석이의 키보다 **7 cm** 더 크고, 은지의 키보다 **3 cm** 더 작습니다.
- 유승이의 키는 은지의 키보다 **12 cm** 더 큽니다.

(   )m (   )cm

09 길이가 **I0 m**인 철사를 두 도막으로 잘라 그림과 같이 서로 대어 보았더니 한쪽이 다른 한쪽보다 **60 cm** 더 길었습니다. 잘린 두 철사 중 긴쪽의 철사의 길이를 구하세요.

60 cm

(   )m (   )cm

10 다음 대화를 읽고 세 명이 가진 막대로 잴 수 있는 가장 긴 길이는 몇 cm인지 구하세요.

> 유승 : 내가 가지고 있는 막대는 1 m 25 cm야.
> 한솔 : 내가 가지고 있는 막대는 유승이의 막대보다 80 cm가 더 길어.
> 근희 : 내가 가지고 있는 막대는 유승이의 막대보다 50 cm가 더 짧아.

(   ) cm

11 공던지기를 하였습니다. 형석이는 23 m 45 cm를 던졌고, 예나는 형석이보다 5 m 32 cm 짧게 던졌으며, 상연이는 예나보다 7 m 26 cm 멀리 던졌습니다. 세 사람이 던진 거리의 합은 몇 m 몇 cm인지 구하세요.

(   ) m (   ) cm

12 길이가 2 m 95 cm인 종이 테이프를 서로 다른 길이인 네 도막으로 나누었습니다. 잘린 4개의 종이 테이프를 16 cm씩 겹쳐지도록 이어 붙였다면 이어 붙인 종이 테이프의 전체 길이는 몇 m 몇 cm인가요?

(   ) m (   ) cm

1 □ 안에 알맞은 수를 써넣으세요.

(1) **405** cm = □ m □ cm

(2) **6** m **20** cm = □ cm

2 **2** m를 바르게 쓴 것은 어느 것인가요?

( )

① **2m**

② **2m**

③ **2m**

④ **2m**

⑤ **m2**

3 칠판의 긴 쪽의 길이는 **360** cm입니다. 칠판의 긴 쪽의 길이는 몇 m 몇 cm인가요?

( )m ( )cm

4 **4** m **20** cm보다 더 긴 것을 찾아 기호를 쓰세요.

㉠ **4** m **2** cm   ㉡ **421** cm
㉢ **2** m **40** cm   ㉣ **402** cm

( )

5 길이가 가장 짧은 것부터 차례대로 기호를 쓰세요.

㉠ **3** m **8** cm   ㉡ **3** m **85** cm
㉢ **318** cm   ㉣ **423** cm

( )

6 길이가 **30** cm인 막대로 거울의 긴 쪽의 길이를 재었습니다. 거울의 긴 쪽의 길이는 약 몇 m 몇 cm인가요?

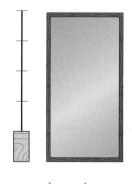

약 ( )m ( )cm

7 m 단위로 나타내기에 알맞은 것을 모두 찾아 기호를 쓰세요.

> ㉠ 버스의 길이
> ㉡ 공책의 짧은 쪽의 길이
> ㉢ 건물의 높이
> ㉣ 숟가락의 길이

(   )

8 길이의 합을 구하세요.

(1) 1 m 10 cm + 1 m 45 cm

(   ) m (   ) cm

(2) 4 m 35 cm + 2 m 54 cm

(   ) m (   ) cm

9 그림을 보고 ☐ 안에 알맞은 수를 써넣으세요.

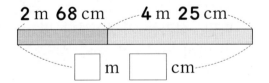

☐ m ☐ cm

10 두 길이의 합은 몇 m 몇 cm인가요?

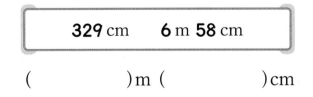

| 329 cm | 6 m 58 cm |

(   ) m (   ) cm

11 운동장에 있는 철봉의 높이를 재어 보니 다음과 같았습니다. 철봉 2개의 높이의 합은 몇 m 몇 cm인가요?

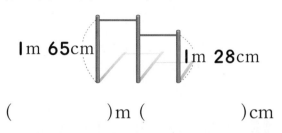

(   ) m (   ) cm

12 지혜는 2 m 14 cm의 끈을 가지고 있고 동민이는 지혜가 가지고 있는 끈의 길이보다 47 cm 긴 끈을 가지고 있습니다. 지혜와 동민이가 가지고 있는 끈의 길이의 합은 몇 m 몇 cm인가요?

(   ) m (   ) cm

13 길이의 차를 구하세요.

(1) 7 m 65 cm − 3 m 30 cm

(   ) m (   ) cm

(2) 5 m 92 cm − 1 m 61 cm

(   ) m (   ) cm

14 두 테이프의 길이의 차는 몇 m 몇 cm인가요?

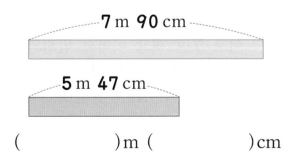

(   ) m (   ) cm

15 두 길이의 차는 몇 m 몇 cm인가요?

2 m 67 cm   795 cm

(   )m (   )cm

16 뼘을 이용하여 길이를 잴 때 적당하지 <u>않은</u> 것을 찾아 기호를 쓰세요.

> ㉠ 책상의 긴 쪽의 길이
> ㉡ 창문의 짧은 쪽의 길이
> ㉢ 운동장의 둘레
> ㉣ 칠판의 짧은 쪽의 길이

(   )

17 한솔이가 걸음을 이용하여 방의 긴 쪽의 길이를 재었더니 10걸음쯤 되었습니다. 한솔이의 한 걸음의 길이가 50 cm라면 방의 긴 쪽의 길이는 약 몇 m인가요?

약 (   )m

18 현수의 양팔 사이의 길이는 약 1 m이고 민희의 한 뼘은 약 20 cm입니다. 현수와 민희가 함께 교실의 짧은 쪽의 길이를 재려고 하였더니 현수의 양팔 사이의 길이로 7번 재고 이어서 민희의 뼘으로 5번 잰 길이와 비슷하였습니다. 교실의 짧은 쪽의 길이는 약 몇 m인가요?

약 (   )m

19 길이가 1 m 25 cm인 색 테이프 3개를 겹친 부분의 길이가 같도록 이었더니 전체 길이가 3 m 45 cm였습니다. 겹친 부분 한 군데의 길이는 몇 cm인지 풀이 과정을 쓰고 답을 구하세요.

1 m 25 cm
3 m 45 cm

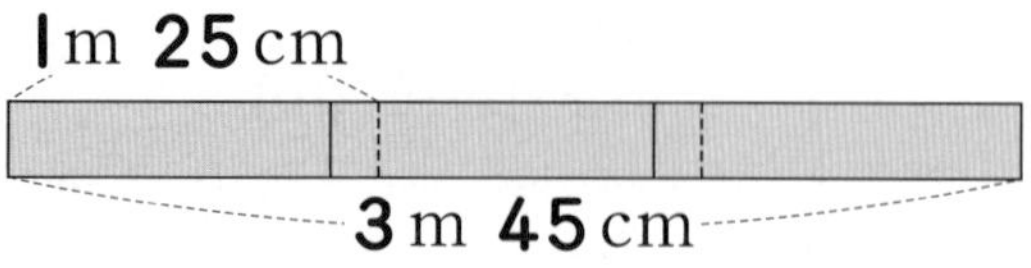

풀이 _____

_____

_____

_____

_____

_____

답 _____ cm

20 1분 동안 석기는 51 m 70 cm씩 걷고 가영이는 47 m 50 cm씩 걷습니다. 석기와 가영이가 3분 동안 똑같이 걸었다면, 석기는 가영이보다 몇 m 몇 cm 더 많이 걸었는지 풀이 과정을 쓰고 답을 구하세요.

풀이 _____

_____

_____

_____

답 _____ m _____ cm

단원 4 시각과 시간

이번에 배울 내용

1 몇 시 몇 분 읽어 보기

(1) **5**분 단위까지 몇 시 몇 분 읽기

시계의 긴바늘이 가리키는 수가 **1**이면 **5**분, **2**이면 **10**분, **3**이면 **15**분, ……을 나타냅니다. 왼쪽 그림의 시계가 나타내는 시각은 **8**시 **15**분입니다.

(2) **1**분 단위까지 몇 시 몇 분 읽기

시계에서 긴바늘이 가리키는 작은 눈금 한 칸은 **1**분을 나타냅니다. 왼쪽 그림의 시계가 나타내는 시각은 **7**시 **12**분입니다.

2 여러 가지 방법으로 시각 읽기

• 몇 시 몇 분 전 알아보기

6시 **55**분을 **7**시 **5**분 전이라고도 합니다.

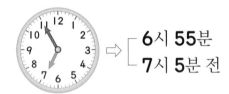 ➡ ┌ **6**시 **55**분
└ **7**시 **5**분 전

3 1시간 알아보기

• 시각과 시각 사이를 시간이라고 합니다.

• 시계의 짧은바늘이 **7**에서 **8**로 움직이는 데 걸린 시간은 **1**시간입니다.

• 시계의 긴바늘이 한 바퀴 도는 데 걸리는 시간은 **60**분입니다.

• **1**시간은 **60**분입니다.

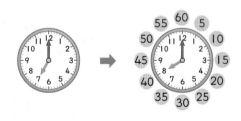

┌─────────────┐
│ **1**시간=**60**분 │
└─────────────┘

확인문제

1 시각을 읽어 보세요.

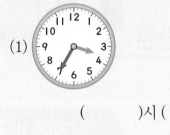

(1) (　　　)시 (　　　)분

(2) (　　　)시 (　　　)분

2 시계를 보고 □ 안에 알맞은 수를 써넣으세요.

(1)

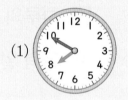

□시 □분=□시 □분 전

(2)

□시 □분=□시 □분 전

3 □ 안에 알맞은 수를 써넣으세요.

(1) **60**분은 □시간입니다.

(2) **80**분은 □시간 □분입니다.

(3) **2**시간 **10**분은 □분입니다.

4 걸린 시간 알아보기

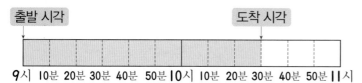

9시 10분 20분 30분 40분 50분 10시 10분 20분 30분 40분 50분 11시

- 걸린시간 : 1시간 30분=90분

5 하루의 시간 알아보기

- 하루는 24시간입니다.

> 1일=24시간

- 전날 밤 12시부터 낮 12시까지를 오전이라 하고 낮 12시부터 밤 12시까지를 오후라고 합니다.

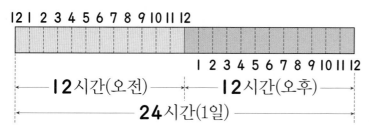

12 1 2 3 4 5 6 7 8 9 10 11 12

1 2 3 4 5 6 7 8 9 10 11 12

12시간(오전)   12시간(오후)
24시간(1일)

6 달력 알아보기

(1) 1주일 알아보기
1주일은 7일이고 일요일, 월요일, 화요일, 수요일, 목요일, 금요일, 토요일이 있습니다.

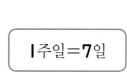

> 1주일=7일

6월

일요일	월요일	화요일	수요일	목요일	금요일	토요일
				1	2	3
4	5	6	7	8	9	10
11	12	13	14	15	16	17

(2) 1년 알아보기
1년은 12개월입니다.

> 1년=12개월

월	1	2	3	4	5	6	7	8	9	10	11	12
날수 (일)	31	28 (29)	31	30	31	30	31	31	30	31	30	31

4 걸린 시간을 구해 보세요.

	시작한 시각	마친 시각	걸린 시간
공부	9시 30분	10시 40분	
운동	3시 20분	4시 50분	

5 ☐ 안에 알맞은 수를 써넣으세요.

(1) 1일 3시간=☐시간

(2) 28시간=☐일 ☐시간

6 ( ) 안에 오전과 오후를 알맞게 써넣으세요.

(1) 아침 8시　(　　　　　　　)

(2) 저녁 9시　(　　　　　　　)

7 달력을 보고 ☐ 안에 알맞은 수나 말을 써넣으세요.

일	월	화	수	목	금	토
		1	2	3	4	5
6	7	8	9	10	11	12
13	14	15	16	17	18	19
20	21	22	23	24	25	26
27	28	29	30	31		

(1) 5일은 ☐요일입니다.

(2) 둘째 수요일은 ☐일입니다.

8 ☐ 안에 알맞은 수를 써넣으세요.

(1) 2주일=☐일

(2) 14개월=☐년 ☐개월

유형 1 몇 시 몇 분 읽어 보기

시계를 보고 □ 안에 알맞은 수를 써넣으세요.

시계의 짧은바늘은 □과 □ 사이에 있고

긴바늘은 □를 가리킵니다.

시계가 나타내는 시각은 □시 □분입
니다.

1-1 시계의 긴바늘이 가리키는 숫자는 몇 분을 나타내는지 빈칸에 알맞은 수를 써넣으세요.

숫자	1	2	3	4	5	6	7	8	9	10	11
분	5	10	15								

1-2 시각을 읽어 보세요.

(1)
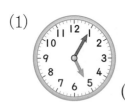
( )시 ( )분

(2)

( )시 ( )분

1-3 시계의 짧은바늘이 9와 10 사이에 있고 긴바늘이 7을 가리키면 몇 시 몇 분인가요?

( )시 ( )분

1-4 시각을 읽어 보세요.

(1)
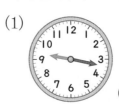
( )시 ( )분

(2)

( )시 ( )분

1-5 시계의 짧은바늘이 3과 4 사이에 있고 긴바늘이 5에서 작은 눈금 3칸 더 간 곳을 가리키면 몇 시 몇 분인가요?

( )시 ( )분

1-6 시각에 맞도록 긴바늘을 그려 넣으세요.

(1) 1시 38분

(2) 12시 59분

1-7 시계의 긴바늘을 알맞게 그려 넣으세요.

6:43

유형 2 여러 가지 방법으로 시각 읽기

☐ 안에 알맞은 수를 써넣으세요.

5시 55분은 ☐시 ☐분 전이라고도 합니다.

2-1 시계를 보고 ☐ 안에 알맞은 수를 써넣으세요.

(1) 시계가 나타내는 시각은 ☐시 ☐분입니다.

(2) 6시가 되려면 ☐분이 더 지나야 합니다.

(3) 이 시각을 ☐시 ☐분 전이라고도 합니다.

2-2 다음 시각을 두 가지 방법으로 읽어 보세요.

( )시 ( )분
( )시 ( )분 전

2-3 ☐ 안에 알맞은 수를 써넣으세요.

(1) 8시 54분은 9시 ☐분 전입니다.

(2) 5시 7분 전은 4시 ☐분입니다.

(3) 10시 50분은 ☐시 10분 전입니다.

(4) 6시 52분은 ☐시 ☐분 전입니다.

유형 3 1시간, 걸린 시간 알아보기

☐ 안에 알맞은 수를 써넣으세요.

시계의 긴바늘이 한 바퀴 도는 데 걸리는 시간은 ☐분이고, 1시간은 ☐분입니다.

3-1 한별이가 오늘 학교에서 출발한 시각과 집에 도착한 시각을 나타낸 것입니다. 한별이가 학교에서 집까지 오는 데 걸린 시간을 알아보려고 합니다. ☐ 안에 알맞은 수를 써넣으세요.

학교에서
출발한 시각

집에
도착한 시각

(1) 한별이가 학교에서 출발한 시각은 ☐시 ☐분입니다.

(2) 한별이가 집에 도착한 시각은 ☐시 ☐분입니다.

(3) 한별이가 학교에서 집까지 오는 데 걸린 시간은 ☐분입니다.

3-2 ☐ 안에 알맞은 수를 써넣으세요.

(1) 1시간은 ☐분입니다.

(2) 3시간은 ☐분입니다.

(3) 100분은 ☐시간 ☐분입니다.

3-3 난타 공연이 **4**시 **10**분에 시작하여 **1**시간 **30**분 동안 하였습니다. 난타 공연이 끝난 시각은 몇 시 몇 분인가요?

( )시 ( )분

3-4 예슬이는 오후에 **1**시부터 **2**시 **35**분까지 숙제를 하였습니다. 물음에 답하세요.

(1) 숙제를 시작한 시각과 마친 시각을 시계에 나타내 보세요.

| 숙제를
시작한 시각 | 숙제를
마친 시각 |

(2) 숙제를 하는 데 걸린 시간은 몇 시간 몇 분인가요?

( )시간 ( )분

(3) 숙제를 하는 데 걸린 시간은 몇 분인가요?

( )분

3-5 다음 시각에서 시계의 긴바늘이 한 바퀴 돌면 몇 시 몇 분이 되나요?

 □시 □분

유형 4 하루의 시간 알아보기

□ 안에 알맞은 수나 말을 써넣으세요.

하루는 □시간입니다.

전날 밤 **12**시부터 낮 **12**시까지를 □이라 하고, 낮 **12**시부터 밤 **12**시까지를 □라고 합니다.

4-1 □ 안에 오전 또는 오후를 알맞게 써넣으세요.

(1) 오늘 해가 □ **6**시에 떴습니다.

(2) 동민이는 □ **7**시 **30**분에 저녁 식사를 하였습니다.

4-2 지혜가 아침에 일어난 시각과 저녁에 잠을 자기 시작한 시각을 나타낸 것입니다. 아침에 일어나서 저녁에 잠을 자기 시작한 시각까지의 시간은 몇 시간인가요?

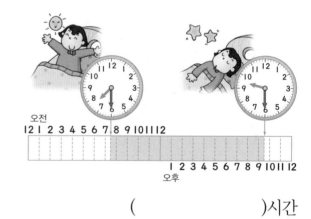

( )시간

4-3 □ 안에 알맞은 수를 써넣으세요.

(1) **1**일 **6**시간=□시간

(2) **2**일=□시간

(3) **37**시간=□일 □시간

유형 5 달력 알아보기

☐ 안에 알맞은 수를 써넣으세요.

1주일은 ☐ 일이고, 1년은 ☐ 개월입니다.

5-1 어느 해 4월의 달력입니다. 물음에 답하세요.

4월

일	월	화	수	목	금	토
					1	2
3	4	5	6	7	8	9
10	11	12	13	14	15	16
17	18	19	20	21	22	23
24	25	26	27	28	29	30

(1) 이번 달의 토요일은 모두 며칠인가요?

(   )일

(2) 4일부터 15일 후는 무슨 요일인가요?

(   )

(3) 이번 달의 넷째 목요일은 며칠인가요?

(   )일

(4) 11일에서 3일 전은 무슨 요일인가요?

(   )

5-2 ☐ 안에 알맞은 수를 써넣으세요.

(1) 3주일=☐ 일

(2) 2주일 3일=☐ 일

(3) 45일=☐ 주일 ☐ 일

5-3 어느 달의 달력입니다. 9일에서 1주일 후는 며칠이고 무슨 요일인가요?

일	월	화	수	목	금	토
	1	2	3	4	5	6
7	8	9	10	11	12	13
14	15	16	17	18	19	20
21	22	23	24	25	26	27
28	29	30	31			

(   )일, (   )

5-4 달력을 보고 물음에 답하세요.

7월

일	월	화	수	목	금	토
	1	2	3	4	5	6
7	8	9	10	11	12	13
14	15	16	17	18	19	20
21	22	23	24	25	26	27
28	29	30	31			

8월

일	월	화	수	목	금	토
				1	2	3
4	5	6	7	8	9	10
11	12	13	14	15	16	17
18	19	20	21	22	23	24
25	26	27	28	29	30	31

9월

일	월	화	수	목	금	토
1	2	3	4	5	6	7
8	9	10	11	12	13	14
15	16	17	18	19	20	21
22	23	24	25	26	27	28
29	30					

10월

일	월	화	수	목	금	토
		1	2	3	4	5
6	7	8	9	10	11	12
13	14	15	16	17	18	19
20	21	22	23	24	25	26
27	28	29	30	31		

(1) 신영이네 학교는 7월에 방학을 합니다. 방학을 하는 달의 날수는 며칠인가요? (   )일

(2) 어느 해의 추석은 9월에 있습니다. 추석이 있는 달의 날수는 며칠인가요?

(   )일

5-5 1년 중 날수가 가장 적은 달은 어느 달인가요? (   )

① 1월   ② 2월   ③ 7월
④ 10월   ⑤ 11월

5-6 ☐ 안에 알맞은 수를 써넣으세요.

(1) 2년 6개월=☐ 개월

(2) 45개월=☐ 년 ☐ 개월

step 3 기본 유형다지기

1 ○ 안에 분을 나타내는 수를 알맞게 써넣으세요.

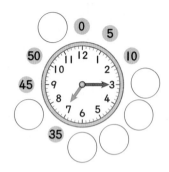

2 □ 안에 알맞은 수를 써넣으세요.

- 짧은바늘은 □ 와 □ 사이에 있습니다.
- 긴바늘은 □ 을 가리키고 있습니다.
- 시계가 나타내는 시각은 □ 시 □ 분입니다.

3 알맞은 시각을 쓰세요.

( )시 ( )분

4 시각을 잘못 읽은 이유를 쓰고, 시각을 바르게 써 보세요.

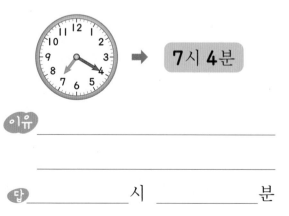

이유 _____

_____

답 _____ 시 _____ 분

5 거울에 비친 시계를 보고 이 시계가 나타내는 시각은 몇 시 몇 분인지 구하세요.

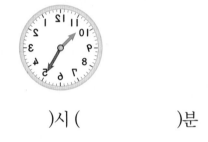

( )시 ( )분

6 □ 안에 알맞은 수나 말을 써넣어 **9**시 **35**분을 설명해 보세요.

시계의 □ 바늘이 □ 와 □ 사이에 있고, □ 바늘이 □ 을 가리키면 **9**시 **35**분입니다.

7 알맞은 시각을 쓰세요.

( )시 ( )분

8 같은 시각끼리 이어 보세요.

5:17 •

7:22 •

3:48 •

9 시각에 맞도록 긴바늘을 그려 넣으세요.

7시 **13**분

10 상연이가 시계를 보았더니 짧은바늘은 **4**와 **5** 사이, 긴바늘은 **8**에서 작은 눈금 **2**칸을 더 간 곳을 가리키고 있습니다. 상연이가 본 시계의 시각을 쓰세요.

(   )시 (   )분

11 다음 그림의 시각을 몇 시 몇 분 전을 이용하여 나타내세요.

☐시 ☐분 전   ☐시 ☐분 전

12 ☐ 안에 알맞은 수를 써넣으세요.

(1) 시계가 나타내는 시각은

☐시 ☐분입니다.

(2) **8**시가 되려면 ☐분이 더 지나야

합니다.

(3) 이 시각은 ☐시 ☐분 전입니다.

13 다음 시각을 **2**가지 방법으로 읽어 보세요.

(   )시 (   )분
(   )시 (   )분 전

14 ☐ 안에 알맞은 수를 써넣으세요.

(1) **1**시 **50**분은 **2**시 ☐분 전입니다.

(2) **10**시 **5**분 전은 ☐시 **55**분입니다.

15 같은 시각끼리 이어 보세요.

9시 **15**분 전 •

6시 **5**분 전 •

4시 **10**분 전 •

16 시각에 맞도록 긴바늘을 그려 넣으세요.

11시 **15**분 전

17 대화를 읽고 더 일찍 일어난 사람은 누구 인지 쓰세요.

> 웅이: 나는 오늘 아침 **6**시 **55**분에 일 어났어.
>
> 가영: 나는 오늘 아침 **7**시 **10**분 전에 일어났어.

(   )

18 ☐ 안에 알맞은 수를 써넣으세요.

(1) **120**분=☐시간

(2) **1**시간 **40**분=☐분

(3) **3**시간=☐분

(4) **110**분=☐시간 ☐분

19 지혜가 오후에 숙제를 시작한 시각과 마친 시각을 나타낸 것입니다. 숙제를 하는 데 걸린 시간을 알아보세요.

숙제를   숙제를
시작한 시각   마친 시각

(1) 숙제를 시작한 시각은 ☐시입니다.

(2) 숙제를 마친 시각은 ☐시 ☐분 입니다.

(3) 숙제를 하는 데 걸린 시간을 시간 띠 에 나타내어 알아보세요.

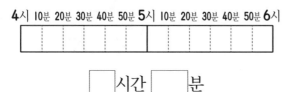

☐시간 ☐분

20 시계의 짧은바늘이 숫자 **3**에서 **7**까지 가는 동안 긴바늘은 모두 몇 바퀴를 도 나요?

(   )바퀴

21 효근이는 오후에 다음과 같이 운동을 하 였습니다. 효근이가 운동을 한 시간은 몇 분인가요?

운동을   운동을
시작한 시각   끝낸 시각

(   )분

22 왼쪽 시계가 나타내는 시각에서 **5**시간 전의 시각을 오른쪽 시계에 나타내 보 세요.

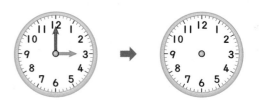

23 예슬이네 학교는 오전 **9**시 **10**분에 **1**교 시 수업을 시작하여 **40**분 동안 수업을 하고 **10**분 동안 쉽니다. **2**교시 수업이 끝나는 시각은 몇 시 몇 분인가요?

(   )시 (   )분

24 가장 긴 시간부터 차례대로 기호를 쓰세요.

㉠ 1시간 20분   ㉡ 2시간
㉢ 150분   ㉣ 70분

(   )

25 지혜가 오후에 동화책 읽기를 시작한 시각과 마친 시각을 나타낸 것입니다. 지혜가 동화책을 읽은 시간은 몇 시간 몇 분인가요?

시작한 시각   마친 시각

(   )시간 (   )분

26 석기는 매일 50분씩 수영을 합니다. 오늘은 3시 30분부터 수영을 했다면 수영이 끝난 시각은 몇 시 몇 분인가요?

(   )시 (   )분

27 웅이와 한별이가 운동을 시작한 시각과 마친 시각입니다. 운동을 더 오래 한 사람은 누구인가요?

	시작한 시각	마친 시각
웅이	3시 40분	4시 50분
한별	3시 50분	5시 15분

(   )

28 ☐ 안에 알맞은 수를 써넣으세요.

(1) 1일=☐시간

(2) 28시간=☐일 ☐시간

(3) 2일 2시간=☐시간

(4) 48시간=☐일

29 오전과 오후를 알맞게 써넣으세요.

(1) 아침 8시   (   )
(2) 저녁 7시   (   )
(3) 낮 2시   (   )
(4) 새벽 1시   (   )

30 석기는 오전 8시 30분까지 등교하여 오후 2시에 하교를 했습니다. 석기가 학교에서 생활한 시간은 몇 시간 몇 분인가요?

(   )시간 (   )분

31 지금은 9일 오후 3시입니다. 짧은바늘이 한 바퀴 돌면 며칠 오전 또는 오후 몇 시인지 나타내세요.

(   )일 (   ) (   )시

32 □ 안에 오전과 오후를 알맞게 써넣으세요.

(1) 웅이는 항상 □ 8시 10분에 등교를 합니다.

(2) 예슬이는 □ 2시 30분에 미술학원에 갑니다.

33 □ 안에 알맞은 수를 써넣으세요.

(1) 2주일은 □일입니다.

(2) 2년은 □개월입니다.

(3) 21일은 □주일입니다.

(4) 36개월은 □년입니다.

34 달력을 보고 □ 안에 알맞은 수나 말을 써넣으세요.

일	월	화	수	목	금	토
				1	2	3
4	5	6	7	8	9	10
11	12	13	14	15	16	17
18	19	20	21	22	23	24
25	26	27	28	29	30	31

(1) 2일은 □요일입니다.

(2) 20일은 □요일입니다.

(3) 목요일은 □일, □일, □일, □일, □일입니다.

(4) 첫째 주 금요일부터 □일 후는 셋째 주 금요일입니다.

어느 해 8월 달력을 보고 물음에 답하세요. [35~38]

일	월	화	수	목	금	토
	1	2	3	4	5	6
7	8	9	10	11	12	13
14	15	16	17	18	19	20
21	22	23	24	25	26	27
28	29	30	31			

35 5일에서 1주일 후는 며칠인가요?

( )일

36 이번 달의 토요일인 날짜를 모두 쓰세요.

( )

37 이번 달의 23일은 무슨 요일인가요?

( )

38 위 8월의 달력에 이은 9월의 달력에서 9월 4일은 무슨 요일인가요?

( )

39 각 달이 며칠로 이루어져 있는지 빈칸에 알맞은 수를 써넣으세요.

월	1	2	3	4	5	6	7	8	9	10	11	12
날수 (일)	31	28 (29)										

40 각 달의 날수를 알아보려고 합니다. 물음에 답하세요.

(1) 30일까지 있는 달을 모두 찾아 ☐ 안에 알맞은 수를 써넣으세요.

4월, 6월, ☐월, ☐월

(2) 31일까지 있는 달을 모두 찾아 ☐ 안에 알맞은 수를 써넣으세요.

1월, 3월, ☐월, ☐월,
☐월, ☐월, ☐월

41 ☐ 안에 알맞은 말을 써넣으세요.

3일 수요일에서 16일 후는 ☐요일입니다.

42 어느 달의 12일과 같은 요일인 날을 모두 찾아 기호를 쓰세요.

㉠ 2일   ㉡ 5일
㉢ 18일   ㉣ 26일

(   )

43 석기는 태권도를 2년 3개월 동안 배웠습니다. 석기가 태권도를 배운 기간은 몇 개월인가요?

(   )개월

어느 해 12월 달력의 일부분입니다. 물음에 답하세요. [44~47]

일	월	화	수	목	금	토
						4
5	6					
		14	15			
	20	21		23	24	25
	27			30		

44 달력을 완성하세요.

45 수요일인 날짜를 모두 쓰세요.

(   )

46 이번 달의 마지막 날은 무슨 요일인가요?

(   )

47 다음 해 1월 3일은 무슨 요일인가요?

(   )

1 짧은바늘이 **12**와 **1** 사이, 긴바늘이 **11**에서 작은 눈금 **1**칸을 더 간 곳을 가리키면 몇 시 몇 분인가요?

( )시 ( )분

2 시각에 맞도록 시계의 긴바늘을 그려 넣으세요.

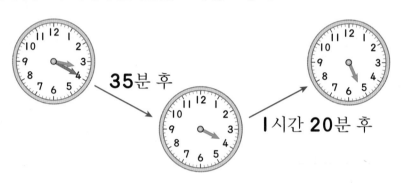

3 어젯밤 신영, 한별, 규형이가 잠자리에 든 시각을 나타낸 것입니다. 누가 가장 늦게 잠자리에 들었나요?

신영   한별   규형

( )

4 야구 경기가 오전 **10**시에 시작하여 오후 **1**시 **20**분에 끝났습니다. 야구 경기는 몇 시간 몇 분 동안 하였나요?

( )시간 ( )분

5 다음은 동민이가 오후에 숙제를 시작한 시각과 마친 시각을 각각 나타낸 것입니다. 동민이가 숙제를 한 시간은 몇 분인가요?

시작한 시각   마친 시각

(   )분

4 단원

시계의 긴바늘이 **3**바퀴 반을 도는데 걸린 시간은 **3**시간 **30**분입니다.

6 오늘 오후 석기는 **4**시에 도서관에 도착해 책을 읽었습니다. 시계의 긴바늘이 **3**바퀴 반을 돌았을 때 도서관에서 나왔다면, 도서관에서 나온 시각은 몇 시 몇 분인가요?

(   )시 (   )분

7 용희네 학교에서는 **40**분 동안 수업을 하고 **10**분 동안 쉽니다. **1**교시가 **9**시 **15**분에 시작한다면 **3**교시가 끝나는 시각은 몇 시 몇 분인가요?

(   )시 (   )분

8 지혜와 상연이가 오후에 숙제를 시작한 시각과 마친 시각을 각각 나타낸 것입니다. 숙제를 하는 데 걸린 시간이 더 많은 사람은 누구인가요?

	시작한 시각	마친 시각
지혜	2시 20분	3시 40분
상연	3시 50분	5시 20분

(   )

9 가영이네 가족은 버스를 타고 스키장에 가려고 합니다. 스키장까지 가는 버스는 첫차가 오전 **7**시 **30**분에 출발하고, **40**분 간격으로 운행됩니다. 가영이네 가족이 오전 중에 탈 수 있는 버스는 모두 몇 대인가요?

( )대

10 한초는 **12**월 **1**일부터 다음 해 **3**월 **31**일까지 한자를 배웠습니다. 한초가 한자를 배운 기간은 몇 개월인가요?

( )개월

11 어느 해 **4**월 달력의 일부분입니다. 이번 달의 마지막 날은 무슨 요일인가요?

4월

일	월	화	수	목	금	토
	1	2	3	4	5	6

( )

12 가영이는 매주 토요일에 수영장을 갑니다. **8**월 **1**일이 금요일이면 **8**월 한 달 동안 가영이가 수영장을 가는 횟수는 모두 몇 번인가요?

( )번

8월 ⇨ 31일
9월 ⇨ 30일
10월 ⇨ 31일

13 미술 작품 전시회가 11월 5일입니다. 오늘이 8월 15일이라면 미술 작품 전시회까지 남은 날수는 며칠인가요?

(   )일

어느 해 2월 달력의 일부분입니다. 물음에 답하세요. [14~15]

2월

일	월	화	수	목	금	토
			1	2	3	4
5	6	7	8	9	10	11

14 5일에서 2주일 후는 며칠이고 무슨 요일인가요?

(   )일 (   )

15 이번 달의 28일은 무슨 요일인가요?

(   )

01

시계의 짧은바늘과 긴바늘이 어느 눈금을 가리키고 있는지 알아봅니다.

영수가 공부를 하다가 거울을 보니 거울에 비친 시계가 다음과 같았습니다. 영수가 거울을 본 시각은 몇 시 몇 분인가요?

(   )시간 (   )분

02

오늘 오전 10시부터 내일 오전 10시까지는 24시간입니다.

한 시간에 1분씩 느려지는 시계가 있습니다. 이 시계의 시각을 오늘 오전 10시에 정확하게 맞춰 놓았습니다. 내일 오전 10시에 이 시계가 가리키는 시각은 오전 몇 시 몇 분인가요?

오전 (   )시 (   )분

03

예슬이는 2시간 15분 동안 영화를 보았습니다. 영화가 끝난 시각이 오후 4시 10분이라면 영화가 시작된 시각은 오후 몇 시 몇 분인가요?

오후 (   )시 (   )분

04

용희, 가영, 상연이가 독서를 시작한 시각과 마친 시각을 각각 나타낸 것입니다. 독서를 가장 오래 한 사람부터 차례대로 이름을 쓰세요.

	시작한 시각	마친 시각
용희	4시 25분	5시 40분
가영	3시 50분	5시 15분
상연	2시 45분	4시 20분

(   )

05

9월은 30일까지 있습니다.

다음 대화를 읽고 가영이의 생일은 몇 월 며칠인지 구하세요.

> 웅이 : 내 생일은 **9**월 마지막 날이야.
> 효근 : 내 생일은 웅이보다 **10**일 늦네.
> 가영 : 내 생일은 효근이보다 **19**일 일러.

(   )월 (   )일

06

동민이네 가족은 여행을 다녀왔습니다. 집에서 출발한 때는 **10**월 **15**일 오후 **3**시이고, 집에 돌아온 때는 **10**월 **17**일 오후 **5**시였습니다. 동민이네 가족이 여행한 시간은 모두 몇 시간인가요?

(   )시간

07

7월 ⇨ 31일

다음은 어느 해 7월 달력의 일부분입니다. 셋째 일요일에서 16일 후는 몇 월 며칠인가요?

일	월	화	수	목	금	토
			1	2	3	4	5
6	7	8	9	10	11	12

(   )월 (   )일

08

2월의 날수는 28일 또는 29일입니다.

동민이가 달력을 보니 2월 3일은 수요일이고, 3월 3일은 목요일입니다. 그 해 2월의 날수는 며칠인가요?

(   )일

09

은지네 학교 여름 방학식은 7월 21일이고 개학식은 8월 18일입니다. 또한, 겨울 방학식은 12월 24일이고 개학식은 그다음 해 2월 3일입니다. 은지네 학교 겨울방학은 여름방학보다 며칠 더 긴가요?

(   )일

10 어느 해의 **5**월 **8**일 어버이날은 토요일입니다. 같은 해 **7**월 **17**일 제헌절은 무슨 요일인가요?

( )

11 어느 해 **5**월 달력의 일부분입니다. 물음에 답하세요.

5월은 **31**일까지 있습니다.

5월

일	월	화	수	목	금	토
		1	2	3	4	5
6	7	8	9	10	11	12

(1) 이번 달의 마지막 날은 무슨 요일인가요?

( )

(2) 다음 달인 **6**월의 둘째 토요일은 **6**월 며칠인가요?

( )월 ( )일

12 디지털 시계에서 오른쪽 그림과 같은 시각을 나타내고 있습니다. 이때 숫자의 합은 **8**+**1**+**5**=**14**입니다. 숫자의 합이 처음으로 **23**이 되는 것은 지금부터 몇 분 후인가요?

( )분 후

1 ☐ 안에 알맞은 수를 써넣으세요.

(1) 시계의 긴바늘이 **5**를 가리키면

☐ 분을 나타냅니다.

(2) 시계의 긴바늘이 ☐ 을 가리키면

50분을 나타냅니다.

2 시각을 읽어 보세요.

( )시 ( )분

3 시계의 짧은바늘이 **6**과 **7** 사이, 긴바늘이 **6**에서 작은 눈금 **2**칸 더 간 곳을 가리키면 몇 시 몇 분인가요?

( )시 ( )분

4 시계를 보고 ☐ 안에 알맞은 수를 써넣으세요.

☐ 시 ☐ 분

☐ 시 ☐ 분 전

 다음 시각을 시계에 나타내 보세요.

[5~6]

5

9시 5분 전

6

 45분 후

7 오전 **9**시 **40**분부터 오전 **10**시 **25**분까지는 몇 분인가요?

( )분

상연이가 오후에 공부를 시작한 시각과 마친 시각을 나타낸 것입니다. 물음에 답하세요. [**8~10**]

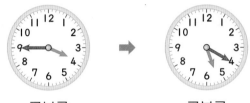

공부를	공부를
시작한 시각	마친 시각

8 공부를 시작한 시각은 몇 시 몇 분인가요?

( )시 ( )분

9 공부를 마친 시각은 몇 시 몇 분인가요?

( )시 ( )분

10 상연이가 공부를 한 시간은 몇 분인가요?

( )분

11 동민이는 운동을 오후 **4**시 **50**분에 시작하여 **1**시간 **20**분 동안 하였습니다. 동민이가 운동을 마친 시각은 오후 몇 시 몇 분인가요?

오후 ( )시 ( )분

12 ☐ 안에 알맞은 수를 써넣으세요.

(1) **3**일 **10**시간=☐시간

(2) **100**시간=☐일 ☐시간

13 지혜는 오전 **8**시 **30**분부터 오후 **3**시 **30**분까지 학교에 있었습니다. 지혜가 학교에 있었던 시간은 몇 시간인가요?

( )시간

14 ☐ 안에 알맞은 수를 써넣으세요.

(1) **3**주일 **3**일=☐일

(2) **2**년 **11**개월=☐개월

(3) **66**개월=☐년 ☐개월

15 1일이 화요일인 10월의 달력을 만들어 보세요.

10월

일	월	화	수	목	금	토

16 1년 중 날수가 30일인 달을 모두 써 보세요.

( )

어느 해 3월 달력의 일부분입니다. 물음에 답하세요. [17～18]

3월

일	월	화	수	목	금	토
						1

17 이번 달의 월요일은 모두 며칠인가요?

( )일

18 이번 달의 셋째 주 화요일은 며칠인가요?

( )일

19 다음은 어떤 야구 경기를 시작한 시각과 끝낸 시각을 나타낸 것입니다. 야구 경기를 하는 동안 시계의 긴바늘은 몇 바퀴를 돌았는지 풀이 과정을 쓰고 답을 구하세요.

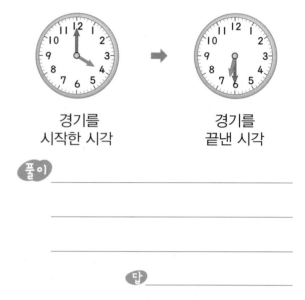

경기를 시작한 시각   경기를 끝낸 시각

풀이 _____

_____

_____

답 _____

20 어느 해 9월 달력의 일부분입니다. 같은 해 10월 3일은 무슨 요일인지 풀이 과정을 쓰고 답을 구하세요.

9월

일	월	화	수	목	금	토
					1	2
3	4	5	6	7	8	9

풀이 _____

_____

_____

답 _____

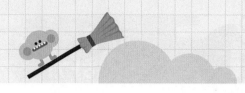

단원 5 표와 그래프

이번에 배울 내용

1 표로 나타내기

2 그래프로 나타내기

3 표와 그래프의 내용 알아보기

4 표와 그래프로 나타내기

1 표로 나타내기

(1) 자료를 보고 표로 나타내기

학생들이 가장 좋아하는 과일

영수	석기	효근	지혜	한별	예슬	웅이	선희	재민	효수
가영	동민	한솔	상현	혜림	영은	승민	민혁	정은	서연

가장 좋아하는 과일별 학생 수

과일	사과	귤	배	포도	바나나	합계
학생 수(명)	5	7	2	3	3	20

(2) 표로 나타냈을 때 좋은 점
  ① 좋아하는 과일별 학생 수를 한눈에 알아보기 쉽습니다.
  ② 전체 학생 수를 쉽게 알 수 있습니다.

2 그래프로 나타내기

• 학생들이 가장 좋아하는 꽃을 조사하여 나타낸 표입니다. 표를 보고 ○, ×, / 중 하나를 이용하여 그래프로 나타냅니다.

좋아하는 꽃별 학생 수

꽃	장미	백합	국화	튤립	합계
학생 수(명)	5	4	2	1	12

좋아하는 꽃별 학생 수

5	○			
4	○	○		
3	○	○		
2	○	○	○	
1	○	○	○	○
학생 수(명) / 꽃	장미	백합	국화	튤립

• 그래프로 나타내면 가장 좋아하는 꽃별 학생 수의 많고 적음을 한눈에 알 수 있습니다.

확인문제

1 자료를 보고 표로 나타내 보세요.

좋아하는 동물

이름	동물	이름	동물
지혜	햄스터	웅이	강아지
진선	강아지	가영	고양이
규형	토끼	상연	강아지
석기	토끼	연정	다람쥐
한솔	강아지	명숙	강아지
동민	햄스터	성호	토끼

좋아하는 동물별 학생 수

동물	햄스터	강아지	토끼
학생 수(명)			

동물	다람쥐	고양이	합계
학생 수(명)			

2 표를 보고 ○를 사용하여 그래프로 나타내 보세요.

현장 체험 학습 장소별 학생 수

장소	식물원	박물관	농장
학생 수(명)	3	5	2

장소	놀이공원	동물원	합계
학생 수(명)	6	4	20

현장 체험 학습 장소별 학생 수

7					
6					
5					
4					
3					
2					
1					
학생 수(명) / 장소	식물원	박물관	농장	놀이공원	동물원

3 표와 그래프의 내용 알아보기

(1) 표의 내용 알아보기

가장 좋아하는 음료수별 학생 수

음료수	주스	콜라	우유	사이다	합계
학생 수(명)	6	5	2	3	16

• 가장 많은 수의 학생이 좋아하는 음료수는 주스 입니다. 조사한 학생 수는 모두 **16**명입니다.

(2) 그래프의 내용 알아보기

한 달 동안 읽은 종류별 책 수

4		○		
3	○	○		○
2	○	○	○	○
1	○	○	○	○
책 수(권) \ 종류	동화책	과학책	위인전	역사책

• 한 달 동안 읽은 책 중 가장 많이 읽은 책은 과학 책이고 가장 적게 읽은 책은 위인전입니다.

(3) 조사한 내용을 표로 나타내면 각 종류별 수와 전 체 수를 쉽게 알 수 있고, 그래프로 나타내면 자료 의 많고 적음을 한 눈에 알 수 있습니다.

4 표와 그래프로 나타내기

(1) 조사한 자료를 바탕으로 표와 그래프로 나타냅니다.

(2) 그래프를 그리는 순서

① 가로와 세로의 칸수를 정하고 기록할 내용을 적습니다.

② 표를 보고 학생 수만큼 한 칸에 한 개씩 ○, 또는 × 등을 표시합니다.

③ 그래프의 제목을 씁니다.

확인문제

3 표를 보고 물음에 답하세요.

가장 좋아하는 과일별 학생 수

과일	사과	귤	포도
학생 수(명)	3	7	5
과일	배	딸기	합계
학생 수(명)	2	3	20

(1) 학생들은 모두 몇 명인가요?

( )명

(2) 좋아하는 학생 수가 같은 과일은 무엇과 무엇인가요?

( ), ( )

(3) 표를 보고 ×를 사용하여 그래프 로 나타내 보세요.

가장 좋아하는 과일별 학생 수

7					
6					
5					
4					
3					
2					
1					
학생 수(명) \ 과일	사과	귤	포도	배	딸기

(4) 완성된 그래프에서 가장 많은 학생 이 좋아하는 과일은 무엇인가요?

( )

4 자료를 보고 표로 나타내 보세요.

이름	혈액형	이름	혈액형
석기	B	신영	A
동민	AB	영수	O
효근	B	용희	B
한초	B	웅이	O
예슬	A	상연	B

석기와 친구들의 혈액형

혈액형	A	B	AB	O	합계
학생 수(명)					

유형 1 표로 나타내기

상연이와 친구들이 좋아하는 과일을 조사하였습니다. 조사한 자료를 보고 표로 나타내보세요.

좋아하는 과일

상연	영수	가영	효근	재은	연지
재민	충만	민지	석기	규형	예진

좋아하는 과일별 학생 수

과일	사과	딸기	포도	복숭아	합계
학생 수(명)					

예슬이네 반 학생들이 좋아하는 음식을 조사하였습니다. 물음에 답해 보세요.

[1-1~1-4]

좋아하는 음식

이름	음식	이름	음식	이름	음식
예슬	자장면	선민	피자	민정	햄버거
은영	햄버거	동민	햄버거	향덕	라면
윤정	햄버거	영아	자장면	진주	라면
용구	김밥	한초	라면	아름	피자
호현	자장면	근정	햄버거	웅이	자장면
선임	자장면	연정	햄버거	혜숙	라면

1-1 한초가 좋아하는 음식은 무엇인가요?

(   )

1-2 조사한 자료를 보고 표로 나타내 보세요.

좋아하는 음식별 학생 수

음식	자장면	피자	햄버거	라면	김밥	합계
학생 수(명)						

1-3 가장 많은 학생이 좋아하는 음식은 무엇인가요?

(   )

1-4 자장면을 좋아하는 학생은 피자를 좋아하는 학생보다 몇 명 더 많나요?

(   )명

동민이네 반 학생들이 좋아하는 운동을 조사하여 나타낸 표입니다. 물음에 답해 보세요. [1-5~1-7]

좋아하는 운동별 학생 수

운동	야구	농구	피구	축구	합계
학생 수(명)	4		5	8	20

1-5 농구를 좋아하는 학생은 몇 명인가요?

(   )명

1-6 피구를 좋아하는 학생은 농구를 좋아하는 학생보다 몇 명 더 많나요?

(   )명

1-7 동민이네 반에서 모두 함께 운동을 한다면 어떤 운동을 하는 것이 좋을지 써 보세요.

(   )

유형 2 그래프로 나타내기

표를 보고 ○를 사용하여 그래프로 나타내 보세요.

좋아하는 계절별 학생 수

계절	봄	여름	가을	겨울	합계
학생 수(명)	2	4	1	3	10

좋아하는 계절별 학생 수

4				
3				
2				
1				
학생 수(명) \ 계절	봄	여름	가을	겨울

동민이네 마을 학생들이 좋아하는 채소를 조사하여 나타낸 표입니다. 물음에 답해 보세요. [2-1~2-4]

좋아하는 채소별 학생 수

채소	당근	감자	고구마	오이	합계
학생 수(명)	3	5	9	7	24

2-1 위의 표를 보고 그래프로 나타내려고 합니다. 그래프로 나타내는 순서를 기호로 써 보세요.

> ㉠ 좋아하는 채소별 학생 수를 ○로 표시합니다.
> ㉡ 조사한 자료를 살펴봅니다.
> ㉢ 가로와 세로에 어떤 것을 나타낼지 정합니다.
> ㉣ 가로와 세로를 각각 몇 칸으로 할지 정합니다.

□ ⇨ □ ⇨ □ ⇨ □

2-2 ○를 사용하여 그래프로 나타내 보세요.

학생 수(명) \ 채소	1	2	3	4	5	6	7	8	9
당근									
감자									
고구마									
오이									

2-3 그래프의 가로에 나타낸 것은 무엇인가요?

( )

2-4 □ 안에 알맞은 말을 써넣으세요.

> • 동민이네 마을 학생들이 가장 좋아하는 채소는 [ ]입니다.
> • 표를 그래프로 나타내면 [ ] 좋습니다.

2-5 지혜네 반 학생들이 좋아하는 계절을 조사하여 나타낸 표입니다. 표를 보고 ○를 사용하여 그래프로 나타내 보세요.

좋아하는 계절별 학생 수

이름	봄	여름	가을	겨울	합계
책 수(권)	5	3	4	5	17

5				
4				
3				
2				
1				
학생 수(명) \ 계절	봄	여름	가을	겨울

유형 3 표와 그래프의 내용 알아보기

표를 보고 물음에 답해 보세요.

마을별 **2**학년 학생 수

마을	달님	별님	햇님	합계
학생 수(명)	12	20	15	47

(1) 마을의 **2**학년 학생은 모두 몇 명인가요?

( )명

(2) **2**학년 학생이 가장 많이 사는 마을은 어느 마을인가요?

( )마을

효근이네 반 학생들이 좋아하는 우유를 조사하여 나타낸 표입니다. 물음에 답해 보세요. [**3-1~3-3**]

좋아하는 우유별 학생 수

우유	바나나	딸기	초콜릿	흰 우유	합계
학생 수(명)	6	4	8	2	20

3-1 가장 많은 학생이 좋아하는 우유는 어떤 우유인가요? 또, 몇 명이 좋아하나요?

( )우유, ( )명

3-2 /를 사용하여 그래프로 나타내 보세요.

좋아하는 우유별 학생 수

8				
7				
6				
5				
4				
3				
2				
1				
학생 수(명) \ 우유	바나나	딸기	초콜릿	흰우유

3-3 앞의 그래프를 보고 알 수 있는 내용을 모두 골라 기호를 써 보세요.

> ㉠ 효근이네 반 학생들이 좋아하는 우유의 종류를 알 수 있습니다.
> ㉡ 효근이네 반 학생인 동민이가 어떤 우유를 좋아하는지 알 수 있습니다.
> ㉢ 가장 적은 학생이 좋아하는 우유가 어떤 우유인지 알 수 있습니다.
> ㉣ 효근이네 반 학생들이 좋아하는 우유가 어떤 우유인지 순서대로 정리할 수 있습니다.

( )

예슬이네 반 학생들이 좋아하는 꽃을 조사하여 나타낸 표입니다. 물음에 답해 보세요. [**3-4~3-5**]

좋아하는 꽃별 학생 수

꽃	장미	튤립	국화	코스모스	합계
학생 수(명)	7	3		5	20

3-4 좋아하는 학생 수가 같은 꽃은 무엇과 무엇인가요?

( ), ( )

3-5 표를 보고 ×를 사용하여 그래프로 나타내 보세요.

좋아하는 꽃별 학생 수

7				
6				
5				
4				
3				
2				
1				
학생 수(명) \ 꽃	장미	튤립	국화	코스모스

유형 4 표와 그래프로 나타내기

석기와 친구들이 집에서 기르는 동물을 조사하였습니다. 표로 나타내 보세요.

집에서 기르는 동물

이름	동물	이름	동물
석기	강아지	승우	고양이
미정	고양이	영수	햄스터
광현	새	은이	고양이
진주	강아지	선주	새
대희	햄스터	지훈	강아지

집에서 기르는 동물별 학생 수

동물	강아지	햄스터	새	고양이	합계
학생 수(명)					

석기네 반 학생들이 좋아하는 색깔을 조사하였습니다. 물음에 답해 보세요.

[4-1~4-4]

좋아하는 색깔

이름	색깔	이름	색깔	이름	색깔
석기	빨간색	상연	주황색	동민	노란색
지영	파란색	영수	노란색	효근	노란색
규형	초록색	용희	빨간색	예슬	초록색
지혜	빨간색	한초	파란색	한별	노란색
신영	노란색	희영	초록색	웅이	빨간색

4-1 조사한 자료를 보고 표로 나타내 보세요.

좋아하는 색깔별 학생 수

색깔	빨간색	주황색	노란색	파란색	초록색	합계
학생 수(명)						

4-2 표를 보고 ○를 사용하여 그래프로 나타내 보세요.

좋아하는 색깔별 학생 수

5				
4				
3				
2				
1				
학생 수(명) / 색깔				

4-3 빨간색을 좋아하는 학생 수와 파란색을 좋아하는 학생 수의 차는 몇 명인가요?

(   )명

4-4 가장 많은 학생이 좋아하는 색깔과 가장 적은 학생이 좋아하는 색깔의 학생 수의 합은 몇 명인가요?

(   )명

4-5 예슬이와 친구들이 좋아하는 모양을 조사하였습니다. 조사한 자료를 보고 표로 나타내 보세요.

좋아하는 모양

이름	모양	이름	모양	이름	모양
예슬	♥	태근	◆	동민	▲
석기	●	가영	●	상연	♥
지혜	■	용희	♥	효근	◆
한초	▲	웅이	◆	한솔	♥

모양	♥	◆	▲	●	■	합계
학생 수(명)						

용희와 친구들이 좋아하는 숫자를 조사하였습니다. 물음에 답하세요. [1~2]

좋아하는 숫자

이름	숫자	이름	숫자	이름	숫자
용희	2	지혜	3	동민	7
석기	7	가영	5	예슬	3
상연	3	효근	7	규형	7

1 조사한 자료를 보고 표로 나타내 보세요.

좋아하는 숫자별 학생 수

숫자	2	3	7	5	합계
학생 수(명)					

2 숫자 7을 좋아하는 학생은 몇 명인가요?

( )명

동민이가 주사위를 20번 던져 나온 눈입니다. 물음에 답하세요. [3~4]

3 조사한 자료를 보고 표로 나타내 보세요.

주사위를 던져 나온 눈의 횟수

눈	1	2	3	4	5	6	합계
횟수(번)							

4 가장 많이 나온 주사위의 눈은 무엇인가요?

( )

5 예슬이네 반 학생들이 좋아하는 꽃을 조사하였습니다. 표로 나타내세요.

지혜	현수	아람	가영	은지	현영
훈석	세영	정우	지환	한별	민철
예슬	동민	효근	한솔	상연	영수

좋아하는 꽃별 학생 수

꽃	해바라기	장미	백합	튤립	합계
학생 수(명)					

학생들이 좋아하는 동물을 조사하였습니다. 물음에 답하세요. [6~7]

좋아하는 동물

이름	동물	이름	동물	이름	동물
웅이	강아지	세진	토끼	준서	강아지
범준	햄스터	예슬	고양이	성아	강아지
유미	고양이	규로	강아지	수지	토끼
승철	햄스터	진성	고양이	동훈	햄스터

6 학생들이 좋아하는 동물을 보고 학생들의 이름을 각각 써 보세요.

강아지

토끼

고양이

햄스터

7 좋아하는 동물별 학생 수를 표로 나타내세요.

좋아하는 동물별 학생 수

동물	강아지	토끼	고양이	햄스터	합계
학생 수(명)					

동민이네 모둠 학생들이 좋아하는 케이크를 표와 그래프로 나타내었습니다. 물음에 답하세요. [8~9]

좋아하는 케이크별 학생 수

케이크	초콜릿	고구마	치즈	녹차	합계
학생 수(명)	3		2		8

좋아하는 케이크별 학생 수

3				
2		○		
1		○		○
학생 수 (명) / 케이크	초콜릿	고구마	치즈	녹차

8 표와 그래프를 완성하세요.

9 가장 많은 학생이 좋아하는 케이크는 어떤 케이크인가요?

( )

10 신영이네 반 학생들의 성씨를 조사하여 나타낸 표와 그래프입니다. 표와 그래프를 완성해 보세요.

성씨별 학생 수

성씨	김	이	박	정	최	합계
학생 수(명)	4		4		2	15

성씨별 학생 수

4					
3		○			
2		○		○	
1		○		○	
학생 수 (명) / 성씨	김	이	박	정	최

석기네 반 학생들이 좋아하는 운동을 조사하여 나타낸 표입니다. 물음에 답하세요. [11~14]

좋아하는 운동별 학생 수

운동	축구	배구	야구	피구	농구
학생 수(명)	5	3	4	8	2

11 조사한 학생은 모두 몇 명인가요?

( )명

12 표를 보고 ○를 사용하여 그래프로 나타내세요.

좋아하는 운동별 학생 수

8					
7					
6					
5					
4					
3					
2					
1					
학생 수 (명) / 운동	축구	배구	야구	피구	농구

13 가장 많은 학생이 좋아하는 운동은 무엇인가요?

( )

14 석기네 반 학생들이 단체로 운동을 한다면 어떤 운동을 하는 것이 가장 좋을지 구하세요.

( )

5 단원

웅이네 반 학생들이 좋아하는 색을 조사하였습니다. 물음에 답하세요. [15~17]

좋아하는 색

노랑	빨강	빨강	보라	노랑	초록	초록	파랑
빨강	보라	노랑	노랑	파랑	파랑	빨강	초록
초록	노랑	초록	초록	파랑	초록	노랑	파랑

15 조사한 내용을 보고 표로 나타내 보세요.

좋아하는 색별 학생 수

색	노랑	빨강	보라	초록	파랑	합계
학생 수(명)						

16 노란색을 좋아하는 학생은 보라색을 좋아하는 학생보다 몇 명 더 많나요?

(   )명

17 표를 보고 ○를 사용하여 그래프로 나타내세요.

좋아하는 색별 학생 수

7					
6					
5					
4					
3					
2					
1					
학생 수(명) \ 색	노랑	빨강	보라	초록	파랑

18 표를 보고 ○를 사용하여 그래프로 나타내 보세요.

좋아하는 주스별 학생 수

주스	사과	포도	오렌지	키위	토마토	합계
학생 수(명)	5		9	3	2	26

학생 수(명) \ 주스	1	2	3	4	5	6	7	8	9
사과									
포도									
오렌지									
키위									
토마토									

표와 그래프를 보고 물음에 답하세요.
[19~20]

좋아하는 채소별 학생 수

채소	콩나물	고추	오이	호박	합계
학생 수(명)	7	3	4	5	19

	콩나물	고추	오이	호박
7	○			
6	○			
5	○			○
4	○		○	○
3	○	○	○	○
2	○	○	○	○
1	○	○	○	○
학생 수(명) \ 채소	콩나물	고추	오이	호박

19 표와 그래프 중에서 조사한 전체 학생 수를 알아보기 쉬운 것은 어느 것인가요?

(   )

20 표와 그래프 중에서 가장 많은 학생이 좋아하는 채소와 가장 적은 학생이 좋아하는 채소가 무엇인지 한눈에 알아볼 수 있는 것은 어느 것인가요?

(   )

가영이네 반 학생들이 좋아하는 민속놀이를 조사하여 나타낸 표입니다. 물음에 답하세요. [21~24]

좋아하는 민속놀이별 학생 수

민속놀이	딱지치기	굴렁쇠	투호놀이	팽이치기	합계
학생 수(명)	4		5	4	22

21 굴렁쇠 놀이를 좋아하는 학생은 몇 명인가요?

( )명

22 좋아하는 학생 수가 같은 민속놀이는 무엇과 무엇인가요?

( ), ( )

23 굴렁쇠 놀이를 좋아하는 학생은 팽이치기 놀이를 좋아하는 학생보다 몇 명 더 많나요?

( )명

24 표를 보고 ×를 사용하여 그래프로 나타내세요.

좋아하는 민속놀이별 학생 수

9				
8				
7				
6				
5				
4				
3				
2				
1				
학생 수 (명) \ 민속놀이	딱지치기	굴렁쇠	투호놀이	팽이치기

웅이와 그의 친구들이 좋아하는 간식을 조사하여 나타내었습니다. 물음에 답하세요. [25~28]

좋아하는 간식

이름	간식	이름	간식	이름	간식
웅이	김밥	효근	떡볶이	신영	어묵
가영	라면	상연	떡볶이	율기	떡볶이
동민	어묵	영수	어묵	석기	떡볶이
예슬	김밥	민지	어묵	한별	떡볶이

25 좋아하는 간식별 학생 수를 표로 나타내보세요.

좋아하는 간식별 학생 수

간식	김밥	떡볶이	어묵	라면	합계
학생 수(명)					

26 떡볶이를 좋아하는 학생 수는 김밥을 좋아하는 학생 수보다 몇 명 더 많나요?

( )명

27 완성된 표를 보고 ○를 사용하여 그래프로 나타내세요.

좋아하는 간식별 학생 수

5				
4				
3				
2				
1				
학생 수 (명) \ 간식	김밥	떡볶이	어묵	라면

28 웅이와 그의 친구들을 위해 간식을 한 가지 준비한다면 어느 것이 좋을지 구하세요.

( )

신영이네 반 학생들이 어떤 종류의 주스를 좋아하는지 조사하여 나타낸 표입니다. 물음에 답하세요. [29~32]

좋아하는 주스별 학생 수

주스	딸기	포도	오렌지	망고	합계
학생 수(명)	3	5	8	6	

29 조사한 학생은 모두 몇 명인가요?

( )명

30 오렌지 주스를 좋아하는 학생은 포도 주스를 좋아하는 학생보다 몇 명 더 많나요?

( )명

31 표를 보고 ○를 사용하여 그래프로 나타내세요.

좋아하는 주스별 학생 수

8				
7				
6				
5				
4				
3				
2				
1				
학생 수(명) / 주스	딸기	포도	오렌지	망고

32 가장 적은 학생이 좋아하는 주스와 가장 많은 학생이 좋아하는 주스는 어떤 주스인지 차례로 쓰세요.

( ), ( )

석기와 그의 친구들이 운동장에 동그라미를 그리고 그 안에 콩주머니를 던져 넣는 놀이를 했습니다. 콩주머니를 각각 10개씩 던져 동그라미 안에 넣은 개수를 나타낸 표입니다. 물음에 답하세요. [33~36]

동그라미 안에 넣은 개수

이름	석기	웅이	예슬	한초	합계
개수(개)	6		3	8	21

33 웅이가 동그라미 안에 넣은 콩주머니는 몇 개인가요?

( )개

34 한초는 웅이보다 몇 개 더 넣었나요?

( )개

35 표를 보고 /를 사용하여 그래프로 나타내세요.

동그라미 안에 넣은 개수

8				
7				
6				
5				
4				
3				
2				
1				
개수(개) / 이름	석기	웅이	예슬	한초

36 콩주머니를 동그라미 안에 1개 넣을 때마다 5점씩 얻는다면 석기는 예슬이보다 몇 점을 더 얻었나요?

( )점

가영이네 반 학생들이 좋아하는 야생 동물을 조사하였습니다. 물음에 답하세요. [37～44]

좋아하는 야생동물

이름	동물	이름	동물	이름	동물
가영	사슴	상연	곰	동민	사슴
효근	기린	영수	사자	숙희	사슴
예슬	사자	지혜	사슴	철민	기린
신영	사슴	민지	기린	아영	사자
한별	사슴	율기	기린	지민	기린
한초	기린	규형	사슴	연화	사자
웅이	사자	정원	기린	윤성	기린

37 가영이가 좋아하는 야생 동물은 무엇인가요?

( )

38 사자를 좋아하는 학생들의 이름을 모두 쓰세요.

( )

39 자료를 보고 표로 나타내세요.

좋아하는 야생동물별 학생 수

야생 동물	사슴	곰	기린	사자	합계
학생 수 (명)					

40 가장 많은 학생이 좋아하는 야생동물은 무엇인가요?

( )

41 기린을 좋아하는 학생은 사자를 좋아하는 학생보다 몇 명 더 많나요?

( )명

42 완성된 표를 보고 ×를 사용하여 그래프로 나타내세요.

좋아하는 야생 동물별 학생 수

사자								
기린								
곰								
사슴								
야생 동물 학생 수(명)	1	2	3	4	5	6	7	8

43 위 그래프의 가로에 나타낸 것은 무엇인가요?

( )

44 위 그래프의 세로에 나타낸 것은 무엇인가요?

( )

동민이네 반 학생들이 좋아하는 악기를 조사하였습니다. 자료를 보고 물음에 답하세요. [1~4]

학생들이 좋아하는 악기

이름	악기	이름	악기	이름	악기
동민	첼로	영수	리코더	수지	바이올린
예슬	피아노	율기	피아노	규형	플루트
한초	바이올린	상연	플루트	아라	피아노
가영	피아노	지혜	첼로	영호	리코더
효근	플루트	한별	리코더	별이	바이올린
석기	바이올린	신영	피아노	정식	플루트

1 예슬이가 좋아하는 악기는 무엇인가요?

(   )

2 조사한 내용을 표로 나타내세요.

좋아하는 악기별 학생 수

악기					
학생 수(명)					

3 가장 많은 학생이 좋아하는 악기는 무엇인가요?

(   )

4 완성된 표를 보고 ○를 사용하여 그래프로 나타내세요.

좋아하는 악기별 학생 수

학생 수(명) 악기	

예슬이와 친구들이 한 달 동안 읽은 동화책 수를 나타낸 표입니다. 물음에 답하세요. [5~8]

한 달 동안 읽은 동화책의 수

이름	예슬	석기	웅이	가영	효근	합계
책의 수(권)	4	2		5	3	20

5 동화책을 가장 많이 읽은 사람은 누구인가요?

(   )

6 예슬이와 가영이가 읽은 동화책 수의 합은 웅이가 읽은 동화책 수보다 몇 권 더 많나요?

(   )권

7 표를 보고 ×를 사용하여 그래프로 나타내세요.

한 달 동안 읽은 동화책 수

6					
5					
4					
3					
2					
1					
책 수(권) \ 이름	예슬	석기	웅이	가영	효근

8 예슬이보다 동화책을 더 많이 읽은 사람의 이름을 모두 쓰세요.

(   )

5 단원

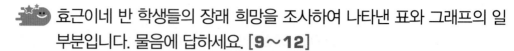 효근이네 반 학생들의 장래 희망을 조사하여 나타낸 표와 그래프의 일부분입니다. 물음에 답하세요. [9~12]

장래 희망별 학생 수

장래 희망	선생님	연예인	의사	운동 선수	과학자	합계
학생 수(명)	4		2		5	21

장래 희망별 학생 수

과학자							
운동 선수	○	○	○				
의사							
연예인							
선생님							
장래 희망 \ 학생 수(명)	1	2	3	4	5	6	7

9 장래 희망이 운동 선수인 학생은 몇 명인가요?

(   )명

10 장래 희망이 연예인인 학생은 몇 명인가요?

(   )명

11 장래 희망이 선생님인 학생 수와 의사인 학생 수의 합은 몇 명인가요?

(   )명

12 표와 그래프를 완성하세요.

다음 표를 그래프로 나타내려고 합니다. 그래프의 가로에는 우유의 종류를 나타내고, 세로에는 학생 수를 나타낼 때 물음에 답하세요.

[13~14]

좋아하는 우유 종류별 학생 수

우유 종류	딸기	초코	바나나	커피	흰 우유	합계
학생 수(명)	5	7		2	4	27

13 그래프의 세로는 적어도 몇 칸으로 나누어야 하나요?

( )칸

14 바나나 우유를 좋아하는 학생 수는 딸기 우유를 좋아하는 학생 수보다 몇 명 더 많나요?

( )명

학생들의 가족 수를 조사하여 그래프로 나타내었습니다. 가족 수가 모두 **22**명일 때 물음에 답하세요. [15~16]

학생들의 가족 수

이름 \ 가족 수(명)	1	2	3	4	5	6
동민	○	○	○			
예슬	○	○	○	○	○	○
웅이						
가영	○	○	○	○		
석기	○	○	○	○	○	

15 가족 수가 같은 경우는 누구네 가족과 누구네 가족인가요?

( )가족과 ( )가족

16 가족 수가 동민이네 가족 수의 **2**배인 가족은 누구네 가족인가요?

( )가족

석기가 매회 10개씩 고리를 던져 걸리지 않은 고리의 수를 표로 나타내었습니다. 물음에 답하세요. [01~04]

걸리지 않은 고리의 수

회	1	2	3	4	합계
고리의 수(개)	3		5	2	14

01

2회째에 던진 고리 중 걸리지 않은 고리는 몇 개인가요?

(   )개

02

가장 많은 고리를 건 것은 몇 회인가요?

(   )회

03

(걸린 고리의 수)
=10-(걸리지 않은 고리의 수)

매회 걸린 고리의 수를 표로 나타내세요.

걸린 고리의 수

회	1	2	3	4	합계
고리의 수(개)					

04

매회 걸린 고리의 수를 ○를 사용하여 그래프로 나타내세요.

걸린 고리의 수

4								
3								
2								
1								
회 고리의 수(개)	1	2	3	4	5	6	7	8

동민이네 모둠과 예슬이네 모둠 학생들이 각각 수학 문제 **5**개를 풀어 맞힌 문제의 수를 그래프로 나타내었습니다. 물음에 답하세요. [**05~08**]

동민이네 모둠

문제 수(문제) \ 이름	동민	가영	효근	신영
5			○	
4	○		○	
3	○		○	○
2	○	○	○	○
1	○	○	○	○

예슬이네 모둠

문제 수(문제) \ 이름	예슬	웅이	지혜	상연
5	○			
4	○			○
3	○		○	○
2	○		○	○
1	○		○	○

05

먼저 동민이네 모둠에서 맞힌 문제의 수를 알아봅니다.

동민이네 모둠과 예슬이네 모둠이 맞힌 문제의 수가 서로 같다면 웅이가 맞힌 문제는 몇 문제인가요?

( )문제

06

예슬이네 모둠이 동민이네 모둠보다 **2**문제 더 맞혔다면 웅이가 맞힌 문제는 몇 문제인가요 ?

( )문제

07

웅이가 **5**문제를 맞혔다면 누구네 모둠이 몇 문제 더 맞혔나요?

( )모둠, ( )문제

08

예슬이네 모둠이 동민이네 모둠보다 맞힌 문제의 수가 더 많으려면 웅이는 적어도 몇 문제를 맞혀야 하나요?

( )문제

신영이네 학교 **2**학년의 반별 학생 수를 조사하여 나타낸 표입니다. 물음에 답하세요. [**09~10**]

반별 학생 수

반	**1**반	**2**반	**3**반	**4**반	합계
여학생 수(명)	㉠	12	11	㉡	46
남학생 수(명)	10	㉢	11	14	
합계		25	22	24	

09

여학생 수의 합을 이용하여 ㉠을 구할 수 있습니다.

㉠, ㉡, ㉢에 알맞은 수를 각각 구하세요.

㉠=(   ), ㉡=(   ), ㉢=(   )

10

남학생의 수가 여학생의 수보다 많은 반을 찾습니다.

남학생과 여학생이 짝이 된다면 여학생과 짝을 할 수 없는 남학생이 생기는 반을 모두 찾아 쓰세요.

(   )

한초가 월요일부터 일요일까지 매일 팔굽혀펴기를 한 횟수를 나타낸 표입니다. 물음에 답하세요. [**11~12**]

요일별 팔굽혀펴기 횟수

요일	월	화	수	목	금	토	일	합계
횟수(회)		15	8	12			19	90

11

토요일의 팔굽혀펴기 횟수는 수요일의 **2**배이고, 월요일과 금요일의 팔굽혀펴기 횟수는 같습니다. 표를 완성하세요.

12

윗몸일으키기를 가장 많이 한 요일과 가장 적게 한 요일의 윗몸일으키기 횟수의 차는 몇 회인가요?

(   )회

지혜네 반 학생들이 사는 마을을 조사하여 나타낸 표입니다. 물음에 답하세요. [13~16]

마을별 학생 수

마을	햇빛	달빛	별빛	금빛	은빛	합계
학생 수(명)	5		8		6	26

13 달빛 마을에 사는 학생 수가 금빛 마을에 사는 학생 수보다 1명 더 많습니다. 달빛 마을에 사는 학생은 몇 명인가요?

( )명

14 가장 많은 학생이 사는 마을과 가장 적은 학생이 사는 마을의 학생 수의 차는 몇 명인가요?

( )명

유승이네 마을에서 소와 돼지를 기르는 가구 수를 조사하여 나타낸 표입니다. 표를 보고 물음에 답하세요. [15~16]

소와 돼지를 기르는 가구 수

돼지의 수(마리) / 소의 수(마리)	0	1	2	3
0	4	㉠	2	2
1	3	2	1	2
2	2	1	㉡	1
3	3	1	0	1

15 ㉠=2, ㉡=3일 때, 이 마을에서 기르는 소의 수와 돼지의 수는 모두 몇 마리인가요?

( )마리

16 ㉠=3, ㉡=2일 때, 이 마을에서 기르는 소의 수와 돼지의 수는 모두 몇 마리인가요?

( )마리

동민이네 모둠 학생들이 가고 싶어 하는 나라를 조사하였습니다. 물음에 답하세요.

[1~4]

가고 싶어 하는 나라

이름	나라	이름	나라	이름	나라
동민	영국	미연	미국	유진	미국
동건	미국	영수	일본	영애	일본
태웅	중국	예슬	중국	향선	영국
종신	영국	지혜	일본	규형	미국

1 지혜가 가고 싶어 하는 나라는 어느 나라인가요?

( )

2 중국에 가고 싶어 하는 학생을 모두 찾아 쓰세요.

( )

3 조사한 자료를 보고 표로 나타내세요.

가고 싶어 하는 나라별 학생 수

나라	영국	미국	일본	중국	합계
학생 수(명)					

4 가장 많은 학생이 가고 싶어 하는 나라는 어느 나라인가요?

( )

한솔이네 반 학생들이 좋아하는 음료수를 조사하여 나타낸 표입니다. 물음에 답하세요. **[5~7]**

좋아하는 음료수별 학생 수

음료수	우유	녹차	콜라	주스	사이다
학생 수(명)	6	2	7	5	4

5 조사한 학생은 모두 몇 명인가요?

( )명

6 표를 보고 ○를 사용하여 그래프로 나타내세요.

좋아하는 음료수별 학생 수

학생 수(명) / 음료수	우유	녹차	콜라	주스	사이다
7					
6					
5					
4					
3					
2					
1					

7 가장 적은 학생이 좋아하는 음료수와 가장 많은 학생이 좋아하는 음료수를 차례대로 쓰세요.

( ), ( )

어느 달의 날씨를 조사하였습니다. 물음에 답하세요. [8~13]

일	월	화	수	목	금	토
			1 ☀	2 ☀	3 ☁	4 ☀
5 ☁	6 ☂	7 ☀	8 ☀	9 ☁	10 ☀	11 ☂
12 ☂	13 ☀	14 ☁	15 ☀	16 ☂	17 ☂	18 ☂
19 ☀	20 ☁	21 ☀	22 ☁	23 ☀	24 ☁	25 ☂
26 ☂	27 ☀	28 ☁	29 ☂	30 ☀	31 ☁	

☀맑음   ☁흐림   ☂비

8 이번 달의 월요일에는 맑은 날이 몇 번 있나요?

( )번

9 이번 달의 금요일 중에서 비 온 날은 언제인가요?

( )일

10 이번 달 중 비 온 날은 모두 며칠인가요?

( )일

11 조사한 자료를 보고 표로 나타내세요.

날씨별 날 수

날씨	맑은 날	흐린 날	비 온 날	합계
날 수(일)				

12 맑은 날은 흐린 날보다 며칠 더 많나요?

( )일

13 **11**의 표를 보고 ○를 사용하여 그래프로 나타내세요.

날씨별 날 수

14			
13			
12			
11			
10			
9			
8			
7			
6			
5			
4			
3			
2			
1			
날 수(일) / 날씨	맑은 날	흐린 날	비 온 날

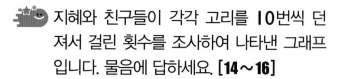

지혜와 친구들이 각각 고리를 10번씩 던져서 걸린 횟수를 조사하여 나타낸 그래프입니다. 물음에 답하세요. [14~16]

학생별 걸린 고리 횟수

학생 수(명) \ 이름	지혜	신영	효근	동민	예슬
7		○			
6		○			
5		○			○
4		○	○		○
3	○	○	○		○
2	○	○	○	○	○
1	○	○	○	○	○

14 예슬이보다 고리를 2개 적게 건 사람은 누구인가요?

( )

15 고리를 둘째로 많이 건 사람은 누구이고 몇 번 걸었나요?

( ), ( )번

16 고리를 1개씩 걸 때마다 3점을 얻는다면 신영이와 동민이의 점수 차이는 몇 점인가요?

( )점

17 마을별 아침 운동에 참여하는 학생 수를 조사하여 나타낸 표입니다. 아침 운동에 참여하는 학생이 가장 많은 마을은 어느 마을인지 풀이 과정을 쓰고 답을 구하세요.

마을별 아침 운동에 참여하는 학생 수

마을	가	나	다	라	마
남학생 수(명)	11	9	10	7	8
여학생 수(명)	13	12	15	6	14

풀이 _____

_____

_____

_____

답 _____ 마을

18 예슬이네 반 학생 30명이 좋아하는 과일을 조사하여 나타낸 표입니다. 포도를 좋아하는 학생이 귤을 좋아하는 학생보다 2명 더 많을 때, 포도를 좋아하는 학생은 몇 명인지 풀이 과정을 쓰고 답을 구하세요.

좋아하는 과일별 학생 수

과일	수박	포도	귤	바나나
학생 수(명)	15			5

풀이 _____

_____

_____

_____

답 _____ 명

단원 **6** 규칙 찾기

이번에 배울 내용

1 무늬에서 규칙 찾기

○	▲	☆	●	△	★	○	▲	☆	●
△	★	○	▲	☆	●	△	★	○	▲
☆	●	△	★	○	▲	☆	●	△	★
○	▲	☆	●	△	★	○	▲	☆	●

○, ▲, ☆ 모양이 반복되어 나타나는 규칙이고,
노란색과 빨간색이 반복되어 나타나는 규칙이며,
↙ 방향으로는 같은 모양이 나타나는 규칙입니다.

2 쌓은 모양에서 규칙 찾기

쌓기나무로 쌓은 모양에서 규칙을 찾아봅니다.

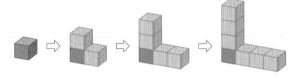

- ㄴ 모양으로 쌓은 규칙입니다.
- 위층으로 1개씩, 아래층으로 1개씩 쌓기나무가 늘어나는 규칙입니다.
- 쌓기나무가 2개씩 늘어나는 규칙입니다.

3 덧셈표에서 규칙 찾기

+	0	1	2	3	4	5	6	7
0	0	1	2	3	4	5	6	7
1	1	2	3	4	5	6	7	8
2	2	3	4	5	6	7	8	9
3	3	4	5	6	7	8	9	10
4	4	5	6	7	8	9	10	11
5	5	6	7	8	9	10	11	12
6	6	7	8	9	10	11	12	13
7	7	8	9	10	11	12	13	14

- [   ] 안에 있는 수들은 오른쪽으로 갈수록, [   ] 안에 있는 수들은 아래쪽으로 내려갈수록 1씩 커지는 규칙이 있습니다.
- ↘ 방향으로 갈수록 2씩 커지는 규칙이 있습니다.

확인문제

1 규칙을 찾아 빈칸에 색칠을 할 때 ㉠, ㉡, ㉢에 알맞은 색은 어떤 색인지 구해 보세요.

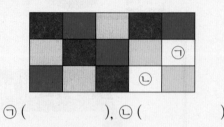

㉠ (   ), ㉡ (   )

2 다음은 어떤 규칙에 따라 쌓기나무를 쌓은 모양입니다. □ 안에 알맞은 수를 써넣으세요.

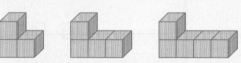

- 쌓기나무가 [   ]개씩 늘어나는 규칙이고, 넷째 모양에 쌓을 쌓기나무는 [   ]개입니다.

3 덧셈표를 보고 물음에 답해 보세요.

+	0	2	4	6
0		2		
2			6	
4	4			
6	6		10	

(1) 덧셈표를 완성해 보세요.

(2) □ 안에 알맞은 수를 써넣으세요.

- → 방향, ↓ 방향으로 가면서 [   ]씩 커지는 규칙이 있습니다.

- ↘ 방향으로 가면서 [   ]씩 커지는 규칙이 있습니다.

4 곱셈표에서 규칙 찾기

×	1	2	3	4	5	6	7	8	9
1	1	2	3	4	5	6	7	8	9
2	2	4	6	8	10	12	14	16	18
3	3	6	9	12	15	18	21	24	27
4	4	8	12	16	20	24	28	32	36
5	5	10	15	20	25	30	35	40	45
6	6	12	18	24	30	36	42	48	54
7	7	14	21	28	35	42	49	56	63
8	8	16	24	32	40	48	56	64	72
9	9	18	27	36	45	54	63	72	81

- ▢ 안에 있는 수들은 **3**씩 커지는 규칙이 있습니다.
- ▢ 안에 있는 수들은 **7**씩 커지는 규칙이 있습니다.
- ──▶ 를 따라 접었을 때 만나는 수들은 서로 같습니다.

5 생활에서 규칙 찾기

달력에서 규칙을 찾아봅니다.

7월						
일	월	화	수	목	금	토
		1	2	3	4	5
6	7	8	9	10	11	12
13	14	15	16	17	18	19
20	21	22	23	24	25	26
27	28	29	30	31		

- 오른쪽으로 한 칸씩 갈 때마다 **1**씩 커집니다.
- 같은 요일은 아래로 한 칸씩 내려갈 때마다 **7**씩 커집니다.
- ── 위에 있는 수들은 **8**씩 커집니다.
- 시계, 컴퓨터의 숫자 자판, 달력, 계산기 등 생활 속에서 다양한 수 배열의 규칙을 찾을 수 있습니다.

확인문제

4 곱셈표를 보고 물음에 답하세요.

×	1	2	3	4	5
1	1	2	3	4	5
2	2	4		8	
3		6	9	12	
4			12	16	20
5	5		15	20	

(1) 곱셈표를 완성해 보세요.

(2) 초록색으로 칠한 곳과 규칙이 같은 곳을 찾아 색칠해 보세요.

(3) □ 안에 알맞은 수를 써넣으세요.

> ▢ 안에 있는 수들은 오른쪽으로 갈수록 ▢씩 커지는 규칙이 있습니다.

5 달력을 보고 □ 안에 알맞은 수를 써넣으세요.

11월						
일	월	화	수	목	금	토
			1	2	3	4
5	6	7	8	9	10	11
12	13	14	15	16	17	18
19	20	21	22	23	24	25
26	27	28	29	30		

→ 방향으로 ▢씩, ↓ 방향으로 ▢씩,

╱ 방향으로는 ▢씩 커지는 규칙입니다.

유형 1 무늬에서 규칙 찾기

규칙을 찾아 ㉠, ㉡에 칠할 색이 무엇인지 구하세요.

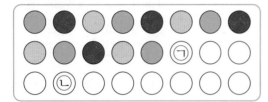

㉠ : (   ) ㉡ : (   )

1-1 사과와 배를 규칙적으로 늘어놓았습니다. ☐ 안에 알맞은 과일은 무엇인가요?

(   )

1-2 규칙을 찾아 빈 곳에 알맞게 색칠해 보세요.

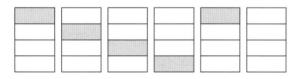

1-3 규칙을 찾아 그림을 완성해 보세요.

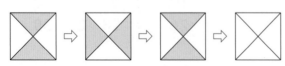

유형 2 쌓은 모양에서 규칙 찾기

다음은 어떤 규칙으로 쌓기나무를 쌓은 모양입니다. 쌓기나무를 4층까지 쌓기 위해 필요한 쌓기나무는 모두 몇 개인가요?

(   )개

2-1 유형2 에서 쌓기나무를 5층까지 쌓기 위해 필요한 쌓기나무는 모두 몇 개인가요?

(   )개

2-2 다음은 어떤 규칙으로 쌓기나무를 쌓은 모양입니다. 물음에 답해 보세요.

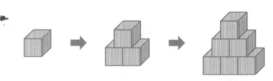

(1) 쌓기나무를 3층으로 쌓은 모양에서 쌓기나무는 모두 몇 개인가요?

(   )개

(2) 쌓기나무를 4층으로 쌓기 위해 필요한 쌓기나무는 모두 몇 개인가요?

(   )개

(3) 어떤 규칙으로 쌓기나무를 쌓은 모양인지 써 보세요.

_____

_____

_____

_____

유형 3 덧셈표에서 규칙 찾기

빈칸을 채워 덧셈표를 완성해 보세요.

+	1	3	5	7
1	2	4	6	8
3	4	6	8	
5	6	8		
7	8			

3-1 덧셈표를 보고 물음에 답해 보세요.

+	1	2	3	4	5
1	2	3	4	5	6
2	3	4	5	6	7
3	4	5	6	7	8
4	5	6	7	8	
5	6	7	8		

(1) 규칙을 찾아 빈칸에 알맞은 수를 써넣으세요.

(2) ---▶ 위에 있는 수들은 어떤 규칙이 있나요?

( )

3-2 덧셈표를 보고 물음에 답해 보세요.

+	1	3	5	7	9
1	2	4	6	8	10
3	4	6	8	㉠	12
5	6	8	10	12	14
7	8	10	㉡	14	16
9	10	12	14	16	18

(1) 규칙을 찾아 ㉠, ㉡에 알맞은 수를 각각 구하세요.

㉠ : ( ) ㉡ : ( )

(2) 오른쪽으로 한 칸씩 갈 때마다 어떤 규칙이 있나요?

( )

(3) 덧셈표의 규칙을 잘못 말한 사람은 누구인가요?

> 한솔 : 아래로 한 칸씩 내려갈 때마다 **2**씩 커집니다.
>
> 지혜 : 왼쪽 위에서 오른쪽 아래로 향하는 ---▶ 위에 있는 수들은 **2**부터 **2**씩 커집니다.
>
> 용희 : 오른쪽 위에서 왼쪽 아래로 향하는 ---▶ 위에는 같은 수들이 있습니다.

( )

3-3 빈칸을 채워 덧셈표를 완성하세요.

+	1	2	4	5	7
2	3				9
3		5		8	
6			10		13
8		10		13	15

3-4 덧셈표에서 ㉠, ㉡에 알맞은 수를 각각 구해 보세요.

+	0	1	3	4	6
1	1	2	4	5	7
2			5		
3			6		㉠
4	4				
5			㉡	9	11

㉠ : ( ) ㉡ : ( )

유형 4 곱셈표에서 규칙 찾기

빈칸을 채워 곱셈표를 완성해 보세요.

×	1	2	3	4
1	1	2	3	4
2	2	4	6	
3	3	6		
4	4			

4-1 곱셈표를 보고 물음에 답해 보세요.

×	1	2	3	4	5
1	1	2	3	4	5
2	2	4	6	8	10
3	3	6	9	12	15
4	4	8	12	16	20
5	5	10	15	20	25

(1) ---→ 위에 있는 수들의 규칙을 써 보세요.

( )

(2) ---→을 따라 접었을 때 만나는 수들은 서로 어떤 관계가 있는지 써 보세요.

( )

4-2 곱셈표를 보고 물음에 답해 보세요.

×	1	3	5	7	9
1	1				9
3		9		21	
5			25		
7		21		49	
9	9				81

(1) 빈칸을 채워 곱셈표를 완성하세요.

(2) ------ 위에 있는 수들은 어떤 규칙이 있나요?

( )

4-3 곱셈표를 보고 물음에 답해 보세요.

×	3	4	5	6
3	9	12	15	18
4	12		㉠	
5	15			
6	18	㉡		

(1) ㉠과 ㉡에 알맞은 수를 각각 구해 보세요.

㉠ : ( ) ㉡ : ( )

(2) ------ 위의 수들에 대한 설명으로 옳은 것을 찾아 번호를 써 보세요.

① 7씩 커지는 규칙이 있습니다.
② 곱셈구구에서 같은 두 수끼리의 곱입니다.
③ 가장 큰 수와 가장 작은 수의 차는 26입니다.

( )

4-4 빈칸을 채워 곱셈표를 완성해 보세요.

×	2	4	6	8
2		8		16
		8	24	
6	12		36	
		32	48	64

유형 5 생활에서 규칙 찾기

어느 해 **3**월 달력을 보고 물음에 답해 보세요.

(1) ◯ 한 날짜들은 어떤 규칙이 있나요?

(   )

(2) —— 위에 있는 날짜들은 어떤 규칙이 있나요?

(   )

(3) —— 위에 있는 날짜들은 어떤 규칙이 있나요?

(   )

5-1 어느 해 **10**월 달력의 일부분이 찢어져 있습니다. 물음에 답해 보세요.

			10월			
일	월	화	수	목	금	토
			1	2	3	4	5
6	7					

(1) 화요일 날짜를 모두 써 보세요.

(   )

(2) 달력에서 찾을 수 있는 규칙을 말해 보세요.

(   )

(3) 일요일인 날짜들의 합을 구하세요.

(   )

(4) 수요일은 몇 번 있나요?

(   )번

5-2 계산기 속의 수 버튼에서 왼쪽 위에서 오른쪽 아래로 향하는 —— 위에 있는 수들은 어떤 규칙이 있나요?

(   )

5-3 사물함 속의 수 배열에서 규칙을 찾아 ㉠에 알맞은 수를 구해 보세요.

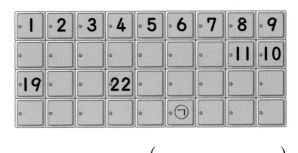

(   )

5-4 시외버스 출발 시각을 나타낸 표입니다. 표에서 찾을 수 있는 규칙을 써 보세요.

시외버스 출발 시각

대전행			
6시	8시 30분	11시	13시 30분
6시 30분	9시	11시 30분	14시
7시	9시 30분	12시	14시 30분
7시 30분	10시	12시 30분	⋮
8시	10시 30분	13시	

규칙을 찾아 빈칸에 알맞은 모양을 그려 넣으려고 합니다. 물음에 답하세요. [1~2]

■	▲	●	■	▲	●	■
▲	●	■	▲	●	■	▲
●	■					

1 찾을 수 있는 규칙을 쓰세요.

_____

_____

2 빈칸에 알맞은 모양을 그려 넣으세요.

3 규칙을 찾아 빈칸에 알맞게 색칠해 보세요.

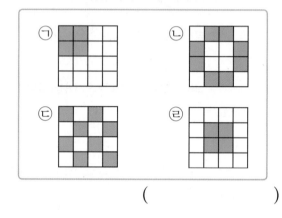

4 위 **3**에서 빨간색은 **1**, 노란색은 **2**, 초록색은 **3**으로 바꿔 나타내 보세요.

1	2	3	3	1	

5 그림과 같은 무늬는 어떤 무늬가 규칙적으로 놓인 것인지 알맞은 모양을 골라 보세요.

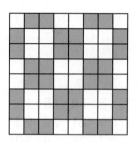

(   )

6 그림에서 규칙을 찾아 다음에 이어질 모양을 그려 넣으세요.

7 규칙을 찾아 무늬를 완성하세요.

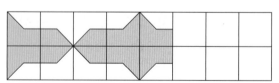

8 규칙을 찾아 색칠하세요.

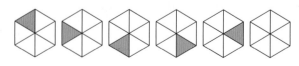

어떤 규칙으로 쌓기나무를 쌓은 모양입니다. 물음에 답하세요. [9~10]

9 넷째 모양에 쌓을 쌓기나무의 수는 몇 개인가요?

( )개

10 쌓기나무를 쌓은 규칙을 쓰세요.

_____

_____

11 다음과 같이 벽돌을 쌓았습니다. 벽돌을 쌓은 규칙을 쓰세요.

_____

_____

12 규칙을 정해 연결큐브로 모양을 만들었습니다. 넷째로 만들 모양에 사용될 연결큐브는 모두 몇 개인가요?

첫째   둘째   셋째

( )개

어떤 규칙에 따라 쌓기나무를 쌓았습니다. 물음에 답하세요. [13~14]

13 쌓기나무를 쌓은 규칙을 쓰세요.

_____

_____

14 다섯째 모양에 쌓을 쌓기나무의 수는 모두 몇 개인가요?

( )개

어떤 규칙에 따라 쌓기나무를 쌓았습니다. 물음에 답하세요. [15~16]

15 넷째 모양에 쌓을 쌓기나무의 수는 모두 몇 개인가요?

( )개

16 쌓기나무 **25**개로 쌓을 수 있는 모양은 몇째 모양인가요?

( )째 모양

step 3 · 기본 유형 다지기

17 덧셈표에서 ---▶에 놓인 수들의 규칙을 쓰세요.

+	0	1	2	3	4
0	0	1	2	3	4
1	1	2	3	4	5
2	2	3	4	5	6
3	3	4	5	6	7
4	4	5	6	7	8

(   )

18 덧셈표에서 ㉠과 ㉡에 알맞은 수의 합을 구하세요.

+	3	4	5	6	7
3	6	7	8	9	10
4	7	㉠	9	10	11
5	8	9	10	11	12
6	9	10	11	㉡	13
7	10	11	12	13	14

(   )

덧셈표를 보고 물음에 답하세요. [19~20]

+	1			
3	4	6	8	10
		8	10	12
			12	
	10			

19 덧셈표를 완성하세요.

20 완성한 덧셈표에서 규칙을 찾아 쓰세요.

_____

_____

덧셈표에서 규칙을 찾아 빈칸에 알맞은 수를 써넣으세요. [21~23]

+	0	1	2	3	4
0	0	1	2	3	4
1	1	2	3	4	5	6
2	2	3	4	5	6	7
3	3	4	5	6	7
4	4	5	6	7	8

21

10	11		13
		13	

22

	13	
14		16
	16	

23

9	10	
	11	
		14
12		

134 · 수학 2-2

곱셈표를 보고 물음에 답하세요. [24~26]

×	2	3	4	5	6	7
2	4	6	8	10	12	14
3	6	9	12	15	18	21
4	8	12	16	20	24	
5	10	15	20	25	30	35
6	12	18	24	30	36	42
7	14	21		35	42	49

24 ┈┈┈ 위에 있는 수들은 어떤 규칙이 있나요?

( )

25 ┈┈┈ 위에 있는 수들과 같은 규칙이 있는 수들을 찾아 색칠하세요.

26 빈칸에 공통으로 들어갈 수는 어떤 수인가요?

( )

27 곱셈표에서 ㉠, ㉡에 알맞은 수를 각각 구하세요.

×	1	3	5	7	9
1	1	3	5	7	9
3	3	9	15	21	27
5	5	15	㉠	35	45
7	7	21	35	49	㉡
9	9	27	45	63	81

㉠ : ( )   ㉡ : ( )

곱셈표에서 규칙을 찾아 빈칸에 알맞은 수를 써넣으세요. [28~30]

×	1	2	3	4
1	1	2	3	4
2	2	4	6	8
3	3	6	9	12
4	4	8	12	

28

16	20	
20	25	
24		36
28	35	

29

	10	12	
12	15		
	20	24	28
15	20		

30

30	36	42	48
35	42		
40	48		64
45			72

step 3. 기본 유형 다지기

31 곱셈표에서 ---→ 위에 있는 수들의 합을 구하세요.

×	1	2	3	4	5
1	1				
2		4			
3	-	-	9	-	→
4				16	
5	5				25

(   )

빈칸을 채워 곱셈표를 완성하세요.
[32～33]

32

×	1		5	7
	3	9		
5		15		35
	7		35	
9		27		

33

×	4	5		7
	8		12	14
3			18	
	16		24	
5			30	35

34 규칙에 따라 ▢ 안에 들어갈 알맞은 모양을 그려 넣으세요.

♡ ☆ △ ♡ ☆ △ ▢ ☆ △

달력을 보고 물음에 답해 보세요. [35～38]

3월						
일	월	화	수	목	금	토
				1	2	3
4	5	6	7	8	9	10
11	12	13	14	15	16	17
18	19	20	21	22	23	24
25	26	27	28	29	30	31

35 같은 요일의 날짜는 어떤 규칙이 있는지 쓰세요.

_____

_____

_____

36 ▩으로 색칠한 부분의 날짜는 어떤 규칙이 있는지 쓰세요.

_____

_____

_____

37 —— 위의 날짜는 어떤 규칙이 있는지 쓰세요.

_____

_____

_____

38 다음 달 4월의 첫째 토요일은 4월 며칠인가요?

(   )일

39 전자계산기의 숫자 버튼에서 찾을 수 있는 수의 규칙을 쓰세요.

_____

_____

_____

☆ 강당의 자리를 나타낸 그림입니다. 물음에 답하세요. [40~42]

무대					
첫째	둘째	셋째	넷째	다섯째	......
가열 ①	②	③	④	⑤	⑥
나열 ⑪	⑫	○	○	○	○
다열 ○	○	○	○	○	○
⋮ ○	○	○	○	○	○

40 웅이의 자리는 16번입니다. 어느 열 몇째 자리인가요?

(   )열 (   )째

41 한초의 자리는 23번입니다. 어느 열 몇째 자리인가요?

(   )열 (   )째

42 예슬이의 자리는 라열 넷째 자리입니다. 예슬이가 앉을 의자의 번호는 몇 번인가요?

(   )번

☆ 달력의 일부분이 찢어져 있습니다. 물음에 답하세요. [43~45]

11월						
일	월	화	수	목	금	토
	1	2	3	4	5	6
7	8	9	10	11		
14	15					

43 이번 달의 셋째 목요일은 며칠인가요?

(   )일

44 이번 달의 넷째 토요일은 며칠인가요?

(   )일

45 이번 달의 마지막 금요일은 며칠인가요?

(   )일

46 어느 해의 크리스마스는 화요일입니다. 이 해의 12월 달력에서 화요일인 날짜를 모두 구해 보세요.

(   )

1 규칙을 찾아 무늬를 완성하세요.

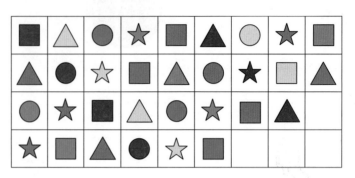

2 규칙에 따라 도형을 그렸습니다. 규칙을 찾아 빈 곳에 들어갈 알맞은 도형을 그려 넣으세요.

규칙에 따라 쌓기나무로 만든 모양을 늘어놓았습니다. 물음에 답하세요. [3~4]

첫째   둘째   셋째   넷째   다섯째   여섯째

3 여덟째에 놓이는 쌓기나무는 모두 몇 개인가요?

(   )개

4 처음부터 아홉째 모양까지 늘어놓으려면 필요한 쌓기나무는 모두 몇 개인가요?

(   )개

★ 덧셈표를 보고 물음에 답하세요. [5~6]

+	6	㉡		㉢
6	10			18
㉠		15	19	
12			20	

5 ㉠, ㉡, ㉢에 알맞은 수들의 합은 얼마인가요?

(   )

6 나머지 빈칸을 채워 덧셈표를 완성하였을 때 20보다 큰 수는 모두 몇 개인가요?

(   )개

★ 덧셈표에서 ╱ 방향으로 모두 같은 수이고, ↓ 방향으로 3씩 커집니다. 물음에 답하세요. [7~8]

+	2	가	나
다	3	㉠	㉡
라	㉢	9	㉣
마	㉤	㉥	㉦

7 ㉠~㉦에 알맞은 수를 각각 구하세요.

㉠ (   ), ㉡ (   ), ㉢ (   ), ㉣ (   )
㉤ (   ), ㉥ (   ), ㉦ (   )

8 가~라에 알맞은 수를 각각 구하세요.

가 (   ), 나 (   ), 다 (   ),
라 (   ), 마 (   )

곱셈표를 보고 물음에 답하세요. [9~10]

×	㉠	㉡	㉢	㉣
1	2			
3		12		
5			30	
7				56

9 ㉠, ㉡, ㉢, ㉣에 알맞은 수를 각각 구하세요.

㉠ (   ), ㉡ (   ), ㉢ (   ), ㉣ (   )

10 곱셈표를 완성하였을 때 ---→ 위의 수들은 얼마씩 커지나요?

(   )

곱셈표를 보고 물음에 답하세요. [11~12]

×	㉠	5	㉢	9
㉡	6		14	
㉣		20		
6	18			
㉤		40		

11 ㉠, ㉡, ㉢, ㉣, ㉤에 알맞은 수를 각각 구하세요.

㉠ (   ), ㉡ (   ), ㉢ (   )
㉣ (   ), ㉤ (   )

12 나머지 빈칸을 채워 곱셈표를 완성하세요.

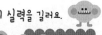

9월 달력의 일부분이 찢어져 있습니다. 물음에 답하세요. [13~14]

13 이번 달의 마지막 토요일은 며칠인가요?

( )일

14 이번 달의 마지막 날은 무슨 요일인가요?

( )

6 단원

어느 음악 공연장의 자리를 나타낸 그림입니다. 물음에 답하세요.
[15~16]

무대											

첫째 둘째 셋째 ······

가열	1	2	3	4	5	6					
나열	13	14	15	16							
⋮	25	26	27								

가로로 1씩, 세로로 12씩 커지는 규칙이 있습니다.

15 예슬이의 자리는 다열 다섯째입니다. 예슬이가 앉을 의자의 번호를 구하세요.

( )번

16 웅이의 자리는 마열 아홉째입니다. 웅이가 앉을 의자의 번호를 구하세요.

( )번

01 규칙에 따라 삼각형 (△)을 그린 모양입니다. 이와 같은 규칙에 따라 그릴 때, 다섯째에 그려야 할 삼각형 (△)은 모두 몇 개인가요?

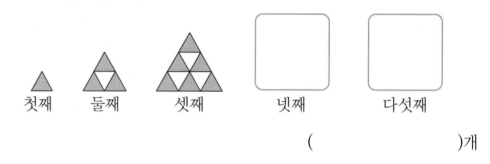

첫째   둘째   셋째   넷째   다섯째

(   )개

02 규칙에 따라 색칠을 한 모양입니다. 일곱째에 색칠해야 하는 곳의 번호를 쓰세요.

첫째   둘째   셋째   넷째   다섯째   여섯째   일곱째   여덟째

(   )

03 ■, ■, ■을 사용하여 그림과 같은 규칙으로 색을 칠하려고 합니다. 열째 모양에서 ㉠, ㉡, ㉢에 칠할 색은 각각 무엇인가요?

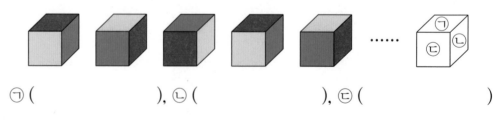

㉠ (   ), ㉡ (   ), ㉢ (   )

04 그림과 같이 쌓기나무를 **5**층까지 쌓으려고 합니다. 필요한 쌓기나무는 모두 몇 개인가요?

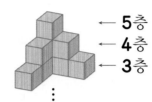

(   )개

05 어떤 규칙에 따라 쌓기나무를 쌓은 모양입니다. 여섯째 모양에 쌓을 쌓기나무는 모두 몇 개인가요?

(   )개

06 쌓기나무를 규칙적으로 쌓은 모양입니다. ⑷에 쌓을 쌓기나무는 모두 몇 개인가요?

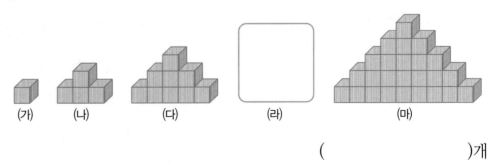

(가)   (나)   (다)   (라)   (마)

(   )개

07

다음은 어떤 규칙에 따라 수들을 써넣은 표입니다. ☆에 알맞은 수는 어떤 수인가요?

2	4	6	8
4	8	12	16
6	12	18	24
8	16	24	32
⋮	⋮	⋮	⋮
18	□	□	☆

(   )

08

규칙을 찾아 ㉠에 알맞은 수를 구하세요.

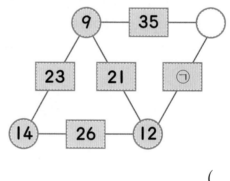

(   )

09

곱셈표에서 규칙을 찾아 빈칸에 들어갈 알맞은 수를 써넣으세요.

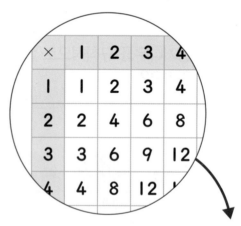

(1)

	6	8	
		12	15	
12	16		

(2)

		16	
		25		35
		36	
		35	

10

7월은 31일까지 있습니다.

어느 해 7월 달력의 일부분이 찢어져 있습니다. 이 해의 9월 1일은 무슨 요일인가요?

일	월	화	수	목	금	토
						1
2	3	4				

(   )

동민이는 형, 아버지와 함께 공중 목욕탕에 갔습니다. 목욕탕 옷장 그림의 일부분을 보고 물음에 답하세요. [11~13]

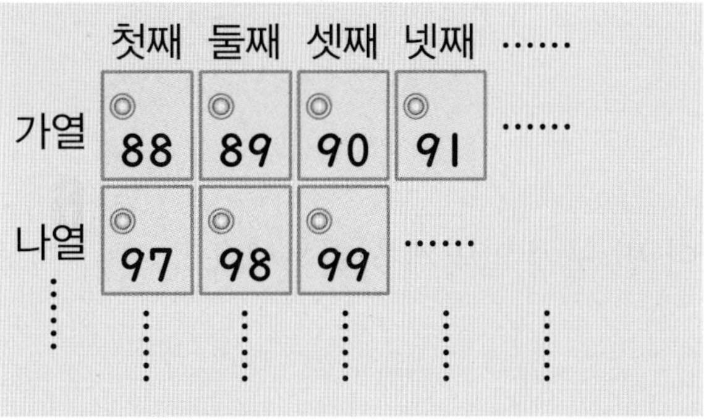

	첫째	둘째	셋째	넷째	……
가열	88	89	90	91	……
나열	97	98	99		

11

동민이의 옷장은 다열 다섯째입니다. 동민이의 옷장은 몇 번인가요?

(   )번

12

동민이 형의 옷장은 라열 일곱째입니다. 동민이 형의 옷장은 몇 번인가요?

(   )번

13

동민이 아버지의 옷장은 동민이 옷장에서 위로 1칸, 왼쪽으로 4칸 간 자리입니다. 동민이 아버지의 옷장은 몇 번인가요?

(   )번

1 규칙을 찾아 ☐ 안에 알맞은 공의 이름을 쓰세요.

( )

2 규칙을 찾아 ☐ 안에 들어갈 알맞은 모양을 그려 넣으세요.

3 규칙을 찾아 빈 곳에 알맞게 색칠하세요.

4 규칙을 정해 모양을 그릴 때 **76**이 적혀 있는 칸에는 어떤 모양이 들어가야 하나요?

▲	■	●	★	▲	■	●
★	▲	■	●	★	▲	■
66	67	68	69	70	71	72
73	74	75	76	77	78	79

( ) 모양

다음은 어떤 규칙에 따라 쌓기나무를 쌓은 모양입니다. 물음에 답하세요. [5~6]

5 쌓기나무를 쌓은 규칙을 쓰세요.

_____

_____

_____

6 4층으로 쌓기 위해 필요한 쌓기나무는 모두 몇 개인가요?

( )개

7 그림과 같은 규칙으로 쌓기나무를 4층까지 쌓으려면, 필요한 쌓기나무는 모두 몇 개인가요?

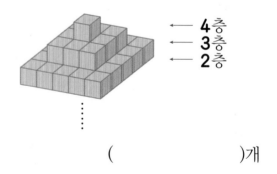

← 4층
← 3층
← 2층

( )개

8 덧셈표에서 규칙을 찾아 빈칸에 알맞은 수를 써넣고, 써넣은 수들의 규칙을 말해 보세요.

+	5	6	7	8	9
5		11	12	13	14
6	11		13	14	15
7	12	13		15	16
8	13	14	15		17
9	14	15	16	17	

( )

9 빈칸을 채워 덧셈표를 완성하세요.

+	0	2	6	8
0	0			
4				
			12	
8				16

10 덧셈표를 완성하였을 때, ㉠과 ㉡에 알맞은 수의 차는 얼마인가요?

+		4	7
2	3		12
		10	
	8	㉡	
㉠	6		

( )

곱셈표를 보고 물음에 답하세요. [11~13]

×	3	4	5	6	7
3		12	15	18	21
4	12		20	24	㉡
5	15	20			35
6	18	24	㉠		42
7	21	28	35	42	

11 규칙을 찾아 빈칸에 알맞은 수를 써넣으세요.

12 ㉠과 ㉡에 알맞은 수의 합을 구하세요.

( )

13 위 곱셈표의 규칙을 잘못 말한 사람은 누구인가요?

> 영수 : ········ 위에 있는 수들은 15부터 5씩 커지는 규칙이 있습니다.
> 상연 : 오른쪽 위에서 왼쪽 아래로 향하는 ········ 위에는 모두 같은 수들이 있습니다.

( )

14 빈칸을 채워 곱셈표를 완성하세요.

×	2		4	
			12	
5		15		
	14			
9			45	

어느 해 6월의 달력입니다. 물음에 답하세요. [15~18]

6월						
일	월	화	수	목	금	토
	1	2	3	4	5	6
7	8	9	10	11	12	13
14	15	16	17	18	19	20
21	22	23	24	25	26	27
28	29	30				

15 ▨의 날짜는 어떤 규칙이 있는지 쓰세요.

_____

_____

_____

16 —— 위의 날짜는 어떤 규칙이 있는지 쓰세요.

_____

_____

_____

17 —— 위의 날짜는 어떤 규칙이 있는지 쓰세요.

_____

_____

_____

18 다음 달 7월의 둘째 목요일은 7월 며칠인가요?

(   )일

서술형

19 곱셈표에서 —— 위의 수들의 합은 —— 위의 수들의 합보다 얼마나 큰지 풀이 과정을 쓰고 답을 구하세요.

×	1	2	3	4	5
1	1				
2		4			
3			9		
4				16	
5					25

풀이 _____

_____

_____

답 _____

20 3월 달력의 일부분이 찢어져 있습니다. 이번 달의 마지막 날은 무슨 요일인지 풀이 과정을 쓰고 답을 구하세요.

3월						
일	월	화	수	목	금	토
				1	2	3	4
5	6	7	8			

풀이 _____

_____

_____

답 _____

상위권 도약을 위한
길라잡이

왕수학

실력편

정답과 풀이

2-2

(주)에듀왕

정답과 풀이

2-2

정답과 풀이

1. 네 자리 수

step 1 개념 확인하기 · 6~7쪽

1 (1) 1000, 천 (2) 900 (3) 10
2 6000, 육천
3 (1) 7000 (2) 20
4 (1) 2, 7, 3, 5 (2) 5942
5 팔천오백칠 **6** 9035
7 (1) 500 (2) 30 **8** 3284에 ○
9 3000, 200, 40, 9
10 (1) 4145, 5145, 7145
　　 (2) 3164, 3464, 3564
11 (1) < (2) > (3) > **12** ㉠

12 ㉠ 5784 ㉡ 5778

step 2 기본 유형 익히기 · 8~11쪽

유형1 10, 천
1-1 ㉣ **1-2** 2
1-3 3
유형2 (1) 4000 (2) 30
2-1 6000, 육천 **2-2** 5000
2-3 8000
유형3 2538, 이천오백삼십팔
3-1 3, 8, 4, 5
3-2 (1)

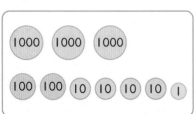

(2)

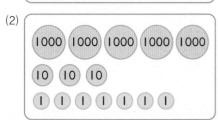

3-3 (1) 천이백구십팔 (2) 사천이백오
3-4 (1) 7654 (2) 3085
3-5 3600 **3-6** 3400
유형4 5, 5000
4-1 (1) 6000 (2) 50
4-2 (1) 4, 4000 (2) 2, 200 (3) 7, 70 (4) 3, 3
4-3 (1) 2000, 500, 30, 8 (2) 3000, 700, 40, 7
4-4 (1) 500 (2) 5 (3) 50 (4) 5000
4-5 (1) 7564 (2) 4576
유형5 8805, 9005, 9205
5-1 3480, 6480, 7480
5-2 (1) 가 : 3630, 나 : 6730
　　 (2) 1000, 100, 1100
5-3 9590
유형6 <
6-1 (1) < (2) >
6-2 (1) 8542 (2) 2458
6-3 6, 7, 8, 9

1-1 ㉠, ㉡, ㉢은 1000, ㉣은 890입니다.
1-2 주어진 그림은 100이 8개이므로 2개를 더 그려야 합니다.
1-3 100원짜리 동전이 10개이면 1000원이므로 100원짜리 동전은 3개 더 있어야 합니다.
2-3 100이 80인 수는 1000이 8인 수와 같습니다.
　　 따라서 귤은 모두 8000개 들어 있습니다.
3-6 ・1000개씩 3상자 → 3000
　　 ・100개씩 4상자 → 400
　　 따라서 지우개는 모두 3000＋400＝3400(개)입니다.
4-5 (1) ㉠5㉡㉢에서 ㉠＝7, ㉡＝6, ㉢＝4이어야 합니다. 따라서 7564입니다.
　　 (2) ㉠㉡7㉢에서 ㉠＝4, ㉡＝5, ㉢＝6이어야 하므로 4576입니다.
5-2 (1) 가를 포함한 가로줄의 수는 100씩 뛰어 세었으므로 가는 3630이고, 나를 포함한 가로줄의 수 또한 100씩 뛰어 세었으므로 나는 6730입니다.
5-3 6590-7590-8590-9590

유형6 천의 자리 숫자가 더 큰 쪽이 큰 수입니다.

6-1 (2) 천의 자리, 백의 자리 숫자가 같고 십의 자리 숫자가 8>5이므로 6281>6253입니다.

6-4 6281<6305, 6281<7305, 6281<8305, 6281<9305이므로 □ 안에 6, 7, 8, 9가 들어갈 수 있습니다.

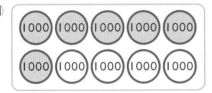

step3 기본유형 다지기 12~17쪽

1 400

2 가=10, 나=200, 다=100

3 300

4 예

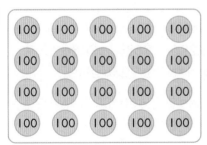

5 3000, 삼천

6 (1) 오천 (2) 구천

7 (1) 7000 (2) 6000

8 [선 잇기]

9 (1) 5 (2) 9000

10 7

11 가영

12

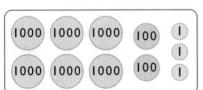

13 7000

14 9

15 5432, 오천사백삼십이

16 상연

17

18 3, 6, 4, 9

19 5307

20 (1) 4056 (2) 5209

21 (1) 8000, 200, 40, 5
(2) 6000, 300, 30, 2
(3) 4000, 900, 40, 9

22 ㉡

23 5, 2, 7

24 (1) 2000 (2) 300 (3) 60 (4) 9

25 (1) 5, 500 (2) 6, 60

26 3572에 ○

27 1830, 2804

28 (1) 500 (2) 50 (3) 5

29 9532에 △, 2105에 ○

30 (1) 1000 (2) 10

31 (1) 2607, 2627 (2) 8447, 8747

32 8642

33 2468

34 1919, 3019

35 ②

36 (1) < (2) > (3) >

37 4923, 2378, 2049, 1927

38 ㉠

39 7250

40 2057

41 행복

42 1, 2, 3, 4

---

1 100원짜리가 10개이면 1000원이므로 남는 동전은 4개로 400원입니다.

3 100원짜리 동전 6개와 10원짜리 동전 10개는 700원이므로 300원이 더 있어야 합니다.

10 7000은 1000이 7인 수입니다.
따라서 상자는 모두 7개 필요합니다.

11 효근 : 3000, 상연 : 3000, 가영 : 300

12 2000은 100이 20인 수입니다.

13 100권씩 10상자이면 1000권이고, 100권씩 70상자이면 7000권입니다.

14 100원짜리 동전 10개를 1000원짜리 지폐 한 장으로 바꿀 수 있으므로 100원짜리 동전 90개는 1000원짜리 지폐 9장으로 바꿀 수 있습니다.

22 ㉠, ㉢ : 4708

25 (1) 3567
└─ 백의 자리 숫자, 500

(2) 5960
└─ 십의 자리 숫자, 60

29 8524 → 20, 1237 → 200,
9532 → 2, 2105 → 2000

30 (1) 천의 자리 숫자가 1씩 커졌으므로 1000씩 뛰어 세었습니다.

(2) 십의 자리 숫자가 1씩 커졌으므로 10씩 뛰어 세었습니다.

31 (1) 10씩 뛰어 세었습니다.

(2) 100씩 뛰어 세었습니다.

34 2019보다 100만큼 더 작은 수는 1919이고 2019보다 1000만큼 더 큰 수는 3019입니다.

35 ② 3910 — 4010 — 5010
       └─100─┘└─1000─┘

36 (1) 7812 < 9215 (천의 자리 숫자 크기 비교)

(2) 1859 > 1636 (백의 자리 숫자 크기 비교)

(3) 4562 > 4542 (십의 자리 숫자 크기 비교)

37 천의 자리 숫자의 크기를 비교하면 4>2>1이므로 4923이 가장 큰 수이고, 1927이 가장 작은 수입니다. 2378과 2049의 백의 자리 숫자를 비교하면 3>0이므로 2378이 2049보다 큽니다.
따라서 가장 큰 수부터 차례대로 쓰면 4923, 2378, 2049, 1927입니다.

38 ㉠ : 3108, ㉡ : 3098

39 ㉠2㉡㉢에서 ㉠=7, ㉡=5, ㉢=0일 때 가장 큰 네 자리 수입니다.

40 ㉠㉡5㉢에서 ㉠은 0이 될 수 없습니다.
㉠=2, ㉡=0, ㉢=7일 때 가장 작은 네 자리 수입니다.

41 마을별 사람 수 중 천의 자리 숫자가 3인 별빛 마을과 행복 마을 중에서 행복 마을의 백의 자리 숫자가 더 크므로 예슬이는 행복 마을에 살고 있습니다.

42 □ 안에 5를 넣으면 5539<5580이므로 □ 안에는 5보다 작은 숫자를 넣어야 합니다.
따라서 1, 2, 3, 4입니다.

---

step **4** 응용실력기르기 18~21쪽

1 6600 **2** 4

3 2308, 2808, 3808

4 9886 **5** 100

6 0, 1, 2, 3, 4, 5 **7** >

8 ㉡ **9** ㉠, ㉡, ㉢

10 7953 **11** 2503

12 13

13 6668, 6768, 6868, 6968

14 4 **15** >

16 2588, 2589

1 작은 눈금 한 칸의 크기는 200이므로 ㉠이 나타내는 수는 6000에서 200씩 3번 뛰어 센 수인 6600입니다.

2 • 100원짜리 동전 38개 → 3800원
• 10원짜리 동전 30개 → 300원
따라서 신영이가 가지고 있는 돈은
3800+300=4100(원)이므로
1000원짜리 지폐로 4장까지 바꿀 수 있습니다.

3 3308에서 4308까지 1000 커졌으므로 1번에 500씩 뛰어 세었습니다.

4 몇씩 뛰어 센 것인지 알아보면,
8086 — 8386 — 8686 — 8986 — ……
     └─300씩 뛰어 센 것입니다.
따라서 8986에서 300씩 뛰어 세기를 하면
8986 — 9286 — 9586 — 9886이므로
가장 큰 네 자리 수는 9886입니다.

5 ㉠이 나타내는 값은 600이고 ㉡이 나타내는 값은 6이므로 100배입니다.

6 천의 자리 숫자는 같고 십의 자리 숫자는 1<5이므로 백의 자리 숫자는 6>□이어야 합니다.
따라서 □ 안에 들어갈 수 있는 숫자는 0, 1, 2, 3, 4, 5입니다.

7 1000이 2개, 100이 4개, 1이 5개인 2405보다 300만큼 더 큰 수는 2705이므로 2705>2690입니다.

8 ㉠ 6829 ㉡ 6905 ㉢ 6470 ㉣ 6548
천의 자리 숫자는 모두 6으로 같습니다.
백의 자리 숫자는 ㉠은 8, ㉡은 9, ㉢은 4, ㉣은

5이므로 ㉡이 가장 큽니다.
따라서 가장 큰 수는 ㉡입니다.

9 ㉠ 5830 ㉡ 5820 ㉢ 5340

10 7□□□에서 □ 안에는 7을 제외한 숫자 중에서 가장 큰 숫자부터 차례로 넣습니다.
 ⇨ 가장 큰 수 : 7953

11 □5□□에서 □ 안에 주어진 숫자를 넣어 만들 수 있는 가장 작은 수는 2503입니다.

12 천 모형이 한 개 부족하므로 대신 백 모형이 10개 있어야 합니다. 따라서 백 모형은 모두 10+3=13(개)입니다.

13 천의 자리 숫자가 6, 십의 자리 숫자가 6, 일의 자리 숫자가 8인 네 자리 수는 6□68입니다.
따라서 6□68인 수 중에서 6599보다 큰 수는 6668, 6768, 6868, 6968입니다.

14 200씩 뛰어 세었습니다.
4324 - 4524 - 4724 - 4924 - 5124 - 5324
따라서 4324와 5324 사이에 들어가는 수는 모두 4개입니다.

15 지워진 자리에 가장 큰 숫자인 9를 넣어도
4993>4928입니다. 따라서 지워진 자리에 어떤 숫자가 들어가더라도 49●3이 큽니다.

16 • 천의 자리 숫자 : 2
 • 백의 자리 숫자 : 5
 • 십의 자리 숫자 : 2+6=8
 • 일의 자리 숫자 : 8, 9
따라서 조건에 맞는 수는 2588, 2589입니다.

step 5 응용실력 높이기 `22~25쪽`

1 8571	**2** 1982
3 7	**4** 14
5 30	**6** 4089, 4168, 4169
7 4, 5, 6, 7, 8	**8** 15
9 19	**10** 3
11 6	**12** 5665

1 □5□□에서 □ 안에 5를 제외한 가장 큰 숫자부터 차례로 넣어 보면 가장 큰 수는 8572이고 둘째로 큰 수는 8571입니다.

2 1□82인 수 중 백의 자리 숫자가 8보다 큰 수이므로 □=9입니다.

3 5+㉠+6+㉡=17이므로 ㉠+㉡=6입니다.
㉠+㉡=6이 되는 두 수 (㉠, ㉡)을 알아보면
(0, 6), (1, 5), (2, 4), (3, 3), (4, 2), (5, 1),
(6, 0)으로 모두 7개입니다.

4 천 모형 9개, 백 모형 3개, 낱개 모형 12개로 만든 수는 9312이고 9452는 9312에서 10씩 14번 뛰어 세기 한 수이므로 십 모형은 14개입니다.

5 4880~4889 : 10개, 4990~4999 : 10개,
5000~5009 : 10개
⇨ 10+10+10=30(개)

6 • 유승이의 번호는 수빈이의 번호보다 크고 은지의 번호보다 작으므로 416□>□168>4□89에서 유승이의 번호의 천의 자리 숫자는 4입니다.
 • 수빈이의 번호는 유승이의 번호보다 작으므로 수빈이 번호의 백의 자리 숫자는 0입니다.
 • 은지의 번호는 유승이의 번호보다 크므로 은지 번호의 일의 자리 숫자는 9입니다.

7 • 6384<6□72에서 두 수의 천의 자리 숫자는 같고 십의 자리 숫자는 8>7이므로 □ 안의 숫자는 3보다 큽니다.
 • 6□72<6893에서 두 수의 천의 자리 숫자는 같고 십의 자리 숫자는 7<9이므로 □ 안의 숫자는 8 또는 8보다 작습니다.
따라서 □ 안에 들어갈 숫자는 4, 5, 6, 7, 8입니다.

8 • ㉠씩 7번 뛰어 세었을 때 3750에서 3820으로 70이 커졌으므로 10씩 7번 뛰어 세었습니다.
 ㉠=10
 • 100씩 ㉡번 뛰어 세었더니 4627에서 5127로 500이 커졌으므로 100씩 5번 뛰어 세었습니다.
 ㉡=5
 ⇨ ㉠+㉡=10+5=15

9 • 가장 큰 수 : 7521
 • 둘째로 큰 수 : 7520
 • 셋째로 큰 수 : 7512
 • 넷째로 큰 수 : 7510
 • 다섯째로 큰 수 : 7502
 ⇨ 7521-7502=19

10 · 1000원짜리 지폐 3장 : 3000원
· 500원짜리 동전 2개 : 1000원
· 50원짜리 동전 3개 : 150원
· 10원짜리 동전 14개 : 140원
3000+1000+150+140=4290(원)이므로
4590원이 되려면 100원짜리 동전이 3개 들어 있어야
합니다.

11 천의 자리 숫자가 3, 십의 자리 숫자가 7인 네 자리
수이므로 백의 자리와 일의 자리에 2, 5, 8이 놓이
는 수를 알아봅니다.
③2⑦5, ③2⑦8, ③5⑦2, ③5⑦8, ③8⑦2,
③8⑦5로 모두 6개를 만들 수 있습니다.

12 · 5000보다 크고 6000보다 작은 수이므로 천의
자리 숫자와 일의 자리 숫자는 5입니다.
· 백의 자리 숫자와 십의 자리 숫자의 합은
22-5-5=12이므로 백의 자리 숫자와 십의 자
리 숫자는 6입니다.
따라서 구하려고 하는 네 자리 수는 5665입니다.

단원평가

26 ~ 28쪽

1 300
2 (1) 1000 (2) 10 (3) 999
3 2000, 이천
4 3267
5 ╳ (선 잇기)
6 8, 0, 6, 3
7 8507에 ○
8 3050에 ○, 1053에 △
9 3758
10 7
11 10
12 5596, 9596, 8596
13 8106, 8095, 7996
14 6082
15 (1) < (2) >
16 십의 자리 숫자
17 ㉠, ㉣, ㉢, ㉡
18 6
19 예 천의 자리 숫자가 8, 백의 자리 숫자가 9인 네
자리 수는 89□□입니다. 이 중에서 8913보다
작은 수는 8900부터 8912까지의 수입니다. 따
라서 모두 13개입니다. ; 13

20 예 가장 큰 수를 만들려면 가장 큰 숫자부터 차례로
씁니다.
가장 큰 수 : 9830, 둘째 번으로 큰 수 : 9803
가장 작은 수를 만들려면 숫자 0이 제일 앞에 오는
경우를 제외하고 가장 작은 숫자부터 차례로 씁니다.
가장 작은 수 : 3089,
둘째 번으로 작은 수 : 3098
; 9803, 3098

1 100이 10이면 1000이므로 100원짜리 동전 10개
이면 1000원입니다.
따라서 100원짜리 동전 10-7=3(개)가 더 있어
야 하므로 300원이 더 있어야 합니다.

2 1000은
┌ 900보다 100만큼 더 큰 수
├ 990보다 10만큼 더 큰 수
└ 999보다 1만큼 더 큰 수

4 3000+200+60+7=3267

7 · 3245 → 5 · 8507 → 500
· 2951 → 50 · 5446 → 5000

8 · 3050 → 3000 · 4530 → 30
· 1053 → 3 · 8307 → 300

9 1000개씩 2상자 → 2000개
100개씩 17상자 → 1700개
10개씩 5상자 → 50개 ⎫ 3758개
낱개 8개 → 8개 ⎭

10 삼천오백 → 3500, 이천 → 2000,
팔천삼 → 8003
따라서 숫자 0은 모두 2+3+2=7(개)입니다.

11 10씩 뛰어 세었습니다.

12 천의 자리 숫자가 1 커졌으므로 1000씩 뛰어 세었
습니다.

13 8096보다
┌ 1만큼 더 작은 수는 8095입니다.
├ 10만큼 더 큰 수는 8106입니다.
└ 100만큼 더 작은 수는 7996입니다.

14 100씩 거꾸로 5번 뛰어 세어 봅니다.
6582 - 6482 - 6382 - 6282 - 6182 - 6082

15 (1) 4368 < 5208 (천의 자리 숫자 크기 비교 4<5)
(2) 8327 > 8324 (일의 자리 숫자 크기 비교 7>4)

16 네 자리 수의 크기 비교는 천, 백, 십, 일의 자리 숫
자 크기를 차례로 비교합니다. 천의 자리 숫자와 백

의 자리 숫자는 같고, 십의 자리 숫자는 다르므로 십의 자리 숫자의 크기를 비교해야 합니다.

17 ① 천의 자리 : 4<5
② 백의 자리 : 5753<5963
③ 십의 자리 : 4806<4820
따라서 4806<4820<5753<5963입니다.

18 천의 자리 숫자는 같고 십의 자리 숫자는 3>2이므로 □<6이어야 합니다.
따라서 □ 안에 들어갈 수 있는 숫자는 0, 1, 2, 3, 4, 5로 6개입니다.

2. 곱셈구구

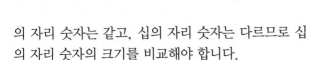 개념 확인하기   30~31쪽

1 2, 5
2 15
3 12, 12
4 16, 32, 7, 21, 28
5 3, 27
6 어떤 수, 0
7 (1) 0 (2) 0 (3) 0 (4) 2 (5) 5 (6) 9
8

×	5	7	8
3	15	21	24
9	45	63	72

9 8, 4, 32 ; 4, 8, 32

step **2** 기본 유형 익히기   32~35쪽

유형1 10 ; 5, 10
1-1 2, 10
1-2 5, 7, 35
1-3 (1) 2, 2 (2) 5, 5
유형2 4, 12
2-1 (1) 15 ; 5, 15 (2) 30 ; 6, 5, 30
2-2 (1) 3 (2) 6
2-3 0 5 10 15 20 ; 18
2-4 (1) 7 (2) 9
유형3 6, 24
3-1 4, 8, 32
3-2 6, 48
3-3 (1) 20 (2) 9 (3) 64 (4) 7
유형4 4, 28
4-1 3, 21
4-2 (1) 7 (2) 9
4-3 8, 5, 6
유형5 ㉡
5-1 (1) 4, 6, 3 (2) 0, 0, 0
5-2 (1) 1 (2) 1 (3) 0 (4) 0
5-3 (1) 0×2=0 ; 2×0=0 ; 3×1=3 (2) 6
유형6

×	0	1	4	7	9
3	0	3	12	21	27
5	0	5	20	35	45

6-1

×	0	1	2	3	4	5	6	7	8	9
0	0	0	0	0	0	0	0	0	0	0
1	0	1	2	3	4	5	6	7	8	9
2	0	2	4	6	8	10	12	14	16	18
3	0	3	6	9	12	15	18	21	24	27

6-2 (1) 5 (2) 8

6-3

×	2	3	4	5	6
2	4	6	8	10	12
3	6	9	12	15	18
4	8	12	16	20	24
5	10	15	20	25	30
6	12	18	24	30	36

; 4×3, 2×6, 6×2

유형7 9, 4, 36 ; 36

7-1 40   **7-2** 36

7-3 64   **7-4** 28

7-5 35   **7-6** 62

7-7 37

유형1 사과가 2개씩 5묶음 있습니다.
➡ 2×5=10

1-3 (1) 2단 곱셈구구에서는 곱하는 수가 1씩 커질 때마다 곱이 2씩 커집니다.
(2) 5단 곱셈구구에서는 곱하는 수가 1씩 커질 때마다 곱이 5씩 커집니다.

2-2 ▲단 곱셈구구에서 곱하는 수가 1씩 커지면 그 곱은 ▲씩 커집니다.

유형5 ㉡ 0과 어떤 수의 곱은 항상 0입니다.

5-3 0+3+0+3=6(점)입니다.

6-2 ■×▲는 ▲×■와 곱이 같습니다.

6-3 3×4=12이므로 곱이 12인 곱셈구구는 4×3, 2×6, 6×2입니다.

7-1 5×8=40(명)

7-2 4×9=36(명)

7-3 8×8=64(개)

7-4 7×4=28(개)

7-5 (9×3)+8=27+8=35(살)

7-6 • 사과의 개수 : 8×4=32(개)
• 배의 개수 : 6×5=30(개)
따라서 과일은 모두 32+30=62(개)입니다.

7-8 (1×2)+(2×1)+(3×0)+(4×3)+(5×3)+(6×1)
=2+2+0+12+15+6
=37

step 3 기본 유형 다지기   36~41쪽

1 15, 15   **2** 6, 12

3 4, 12   **4** 3, 6

5 (교차 연결)   **6** (1) 9 (2) 6

7 <

8 ㉢   **9** 7, 5

10 48   **11** 21

12 ㉣   **13** 5, 40

14 2   **15** 3

16 2

17 (1) 8, 8 (2) 3, 3, 3

18 (교차 연결)   **19** (1) 63 (2) 54

                            20 (1) 4 (2) 9

21 63   **22** 2

23 (1) 1 (2) 1 (3) 0 (4) 0

24 (1) = (2) > (3) < **25** ㉠, ㉡, ㉣

26 9×3=27, 3×9=27

27 3   **28** 27

29 32   **30** 39

31 거북   **32** 12

33 0   **34** 2

35 2   **36** 4

37 11   **38**

×	1	3
5	5	15
7	7	21

39

×	2	4	5
3	6	12	15
6	12	24	30
7	14	28	35

40

×	1	2	3	4	5	6	7	8	9
3	3	6	9	12	15	18	21	24	27
4	4	8	12	16	20	24	28	32	36
5	5	10	15	20	25	30	35	40	45

41

×	1	2	3	4	5	6	7	8	9
3	3	6	9	12	15	18	21	24	27
4	4	8	12	16	20	24	28	32	36
5	5	10	15	20	25	30	35	40	45

42 6×4, 8×3, 3×8　　**43** 42

44 5, 6　　　　　　　**45** 4, 8

46 56

47 (1) 8, 2, 4　(2) 6, 4, 2

48 6, 3, 18 ; 2, 9, 18 ; 9, 2, 18

49 39　　　　　　　**50** 요구르트, 2

---

4 곱하는 수가 1 크기 때문에 3만큼 더 크고, 곱하는 수가 2 크기 때문에 6만큼 더 큽니다.

7 5×7=35, 6×6=36

8 ㉢ 6×5=6+6+6+6+6

10 6×8=48(명)

11 일주일은 7일이므로 3×7=21(개)입니다.

12 ㉠ 8, ㉡ 9, ㉢ 10, ㉣ 12

14

왼쪽 그림과 같이 둘로 나누어 생각할 수 있으므로 4×6은 4×3을 2번 더한 값과 같습니다.

15

왼쪽 그림과 같이 셋으로 나누어 생각할 수 있으므로 4×6은 4×2를 3번 더한 값과 같습니다.

16 8×4는 8×2를 2번 더한 값과 같습니다.

17 (1) 8단 곱셈구구에서는 곱하는 수가 1씩 커질 때마다 곱이 8씩 커집니다.
(2) 9×9는 ① 9를 아홉 번 더한 경우 ② 9×3을 세 번 더한 경우와 같습니다.

18 4×6=8×3=24, 7×5=5×7=35, 9×2=3×6=18

20 ■×▲의 곱은 ▲×■의 곱과 같습니다.

21 9×7=63(개)

22 (8×4)−30=2(개)

23 1×(어떤 수)=(어떤 수), (어떤 수)×1=(어떤 수), 0×(어떤 수)=0, (어떤 수)×0=0

24 (1) 4×0=0, 0×4=0
(2) 5×1=5, 9×0=0
(3) 0×6=0, 3×1=3

26 9개씩 3묶음 또는 3개씩 9묶음으로 생각합니다.

28 3×9=27(개)

29 사각형 1개를 만드는 데 필요한 면봉은 4개입니다. 따라서 사각형 8개를 만드는 데 필요한 면봉은 4×8=32(개)입니다.

30 삼각형 1개의 꼭짓점은 3개, 사각형 1개의 꼭짓점은 4개이므로 (3×5)+(4×6)=15+24=39(개)입니다.

31 오리의 다리는 모두 2×8=16(개)입니다. 거북의 다리는 모두 4×5=20(개)입니다. 따라서 거북의 다리가 더 많습니다.

32 두발자전거 1대의 바퀴는 2개이므로 2단 곱셈구구를 이용하면 두발자전거의 바퀴는 2×3=6(개)입니다.
세발자전거 1대의 바퀴는 3개이므로 3단 곱셈구구를 이용하면 세발자전거의 바퀴는 3×2=6(개)입니다.
따라서 자전거의 바퀴는 모두 6+6=12(개)입니다.

33 0점을 3번 맞혔으므로 얻은 점수는 0×3=0(점)입니다.

34 1점을 2번 맞혔으므로 얻은 점수는 1×2=2(점)입니다.

35 2점을 1번 맞혔으므로 얻은 점수는 2×1=2(점)입니다.

36 상연이가 얻은 점수는 모두 0+2+2=4(점)입니다.

37 ・(0점에 걸어 얻은 점수)=0×5=0(점)
・(1점에 걸어 얻은 점수)=1×3=3(점)
・(4점에 걸어 얻은 점수)=4×2=8(점)
따라서 효근이가 얻은 점수는 모두 0+3+8=11(점)입니다.

43 ・㉠=4×3=12
・㉡=6×5=30
・㉠+㉡=12+30=42

44 5×3=3×5=15이므로 ㉠에 알맞은 수는 5이고 7×6=6×7=42이므로 ㉡에 알맞은 수는 6입니다.

45 ㉠×㉡=㉣이고
㉢×㉣=㉤인 규칙입니다.
따라서 3×8=24이고 4×6=24입니다.

46 8×7=56(개)

49 (7×3)+(9×2)=21+18=39(명)

50 우유 : 4×7=28(개), 요구르트 : 5×6=30(개)
따라서 요구르트가 30−28=2(개) 더 많습니다.

---

step 4 응용실력기르기 42~45쪽

1 9, 6 **2** 48

3 63

4 예 5와 0이 반복되는 규칙이 있습니다.

5 8 **6** 36

7 112 **8** 30

9 4×3=6×2 또는 3×4=6×2

10 16 **11** 48

12 9 **13** 25

14 4 **15** 5

16 30

---

1 3×3=9, 9×6=54

2 ㉠×2=12에서 6×2=12이므로 ㉠=6입니다.
9×㉡=72에서 9×8=72이므로 ㉡=8입니다.
따라서 6×8=48입니다.

3 7단 곱셈구구 중에서 결과가 50보다 큰 수는
7×8=56, 7×9=63이고 이 중 홀수는 63입니다.

5 (남학생 수)=4×6=24(명),
(여학생 수)=8×4=32(명),
(전체 학생 수)=24+32=56(명)
따라서 7단 곱셈구구에서 7×8=56이므로 7명씩
다시 세우면 8줄이 됩니다.

6 사각형 안에 들어 있는 공의 개수는 1×1, 2×2,
3×3, 4×4, ……의 규칙으로 늘어나고 있습니다.
따라서 여섯째 사각형에 들어 있는 공의 개수는
6×6=36(개)입니다.

7 • (1주일 동안 상연이가 읽는 동화책 쪽수)
=7×7=49(쪽)
• (1주일 동안 석기가 읽는 동화책 쪽수)
=9×7=63(쪽)
따라서 1주일 동안 상연이와 석기가 읽는 동화책은
모두 49+63=112(쪽)입니다.

8 한초 나이의 4배는 9×4=36(살)입니다.
따라서 삼촌의 나이는 36−6=30(살)입니다.

10 4×3=12(점), 1×4=4(점), 0×2=0(점)이므로
1반이 얻은 점수는 12+4+0=16(점)입니다.

11 ㉠과 만나는 수는
8×5=40이므로 오른쪽으
로 1칸 움직인 곳에 알맞은
수는 8×6=48입니다.

×	4	5	6	7	8
4					
5					㉠
6					
7					
8					

12 삼각형 1개를 만드는 데 필요한 면봉이 3개이므로
3×□=27에서 □=9
따라서 삼각형을 9개까지 만들 수 있습니다.

13 석기는 0점짜리 1개, 1점짜리 3개, 3점짜리 4개,
5점짜리 2개를 맞혔습니다.
따라서 석기가 얻은 점수는 다음과 같습니다.
(0×1)+(1×3)+(3×4)+(5×2)
=0+3+12+10=25(점)

14 (책상 6개에 놓을 의자 수)=4×6=24(개)
따라서 더 필요한 의자 수는 24−20=4(개)입니다.

15 학생은 모두 (6×3)+2=20(명)입니다.
4×□=20에서 □=5이므로 5줄입니다.

16 (상연이 아버지의 나이)=(8×5)−2=38(살)이므
로 상연이 아버지는 상연이보다 38−8=30(살) 더
많습니다.

1 6, 3		**2** 6, 7, 8	
3 6, 7		**4** 6, 48 ; 3, 9	
5 8		**6** 7	
7 32		**8** 8	
9 3		**10** 56	
11 42		**12** 56	

1 곱해서 18이 되는 두 수는 1과 18 또는 2와 9 또는 3과 6이고, 이 중에서 차가 3인 두 수는 3과 6입니다. 따라서 ●>☆이므로 ●=6, ☆=3입니다.

2 5단 곱셈구구 중에서 4×7=28보다 크고 6×7=42보다 작은 경우를 찾습니다.
5×6=30, 5×7=35, 5×8=40이므로 □ 안에 들어갈 수는 6, 7, 8입니다.

4
```
┌─┐
│㉠│
├─┼─┬─┐
│㉡│  │  │
├─┼─┼─┤
│㉢│㉣│㉤│
└─┴─┴─┘
```
㉠×㉡=㉢이고
㉢×㉣=㉤인 규칙입니다.

```
┌─┐
│3│
├─┤
│2│
├─┼─┬─┐
│가│8│나│
└─┴─┴─┘
```
3×2=가, 가=6
가×8=나, 6×8=나, 나=48

```
┌─┐
│다│
├─┤
│3│
├─┼─┬─┐
│라│5│45│
└─┴─┴─┘
```
라×5=45, 라=9
다×3=라, 다×3=9, 다=3

5 ♥+♥+♥+♥+♥+♥=♥×6이므로
♥×6=4♥입니다.
6단 곱셈구구에서 곱의 십의 자리 숫자가 4인 경우는 7×6=42와 8×6=48이고 이 중 조건에 맞는 것은 8×6=48이므로 ♥=8입니다.

6 어떤 수를 □라고 하면 □×3>20에서 □는 7, 8, 9, ……이고, 5×□<40에서 □는 0, 1, 2, 3, 4, 5, 6, 7이므로 두 조건을 모두 만족하는 □는 7입니다. 따라서 어떤 수는 7입니다.

7 8개씩 넣었더니 남는 사탕이 없으므로 사탕의 개수는 8단 곱셈구구의 곱과 같습니다.
⇨ 8, 16, 24, 32, 40, 48, 56, 64, 72
20개보다 많고 50개보다 적으므로 24개, 32개, 40개, 48개 중 하나입니다.
이 중에서 사탕을 6개씩 넣었을 때 2개가 남는 수는 6×5+2=32입니다.

8 ★+★+★+★+★+★+★=♥이므로
♥+★=★+★+★+★+★+★+★+★=★×7입니다. ★×7=56이므로 ★=8입니다.

9 일의 자리의 숫자 7을 10번 더하면 70이므로 20번을 더하면 140입니다.
29개 중 나머지 9개의 합은 7×9=63이므로 7을 29번 더하면 140+63=203입니다.
따라서 37을 29번 더했을 때 일의 자리 숫자는 3입니다.

10 • 7단 곱셈구구의 곱은 7, 14, 21, 28, 35, 42, 49, 56, 63입니다.
• 6단 곱셈구구의 곱은 6, 12, 18, 24, 30, 36, 42, 48, 54입니다.
• 7단 곱셈구구의 곱 중에서 6단 곱셈구구의 곱보다 2만큼 더 큰 수는 14, 56입니다.
• 이 두 수 중에서 9단 곱셈구구의 곱보다 2만큼 더 큰 수는 56입니다.

11 • 두 수의 곱이 7이 되려면 ★이나 ♥ 중 하나는 7이어야 합니다.
• 두 수의 곱이 0이 되려면 ★이나 ♥ 중 하나는 0이어야 합니다.
따라서 5장의 수 카드의 수 중 가장 큰 수는 7, 둘째로 큰 수는 6이므로 만들 수 있는 두 수의 곱 중 가장 큰 곱은 7×6=42입니다.

12 30은 5×6 또는 6×5입니다.

×	5	6	7
6	30		
7		42	
8	40		

(×)

×	6	7	8
5	30		
6		42	
7	42		㉠

(○)

따라서 ㉠에 알맞은 수는 7×8=56입니다.

 단원평가 50~52쪽

1 9, 2, 18

2 8, 6, 48

3 (1) 12 (2) 30 (3) 14 (4) 27

4 3, 3

5 16, 40, 48

6 28, 56, 42, 21

7

8
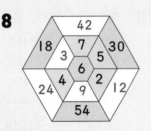

9
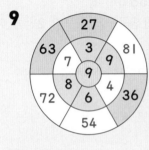

10 ㉣

11 8, 72

12 ㉠, ㉢, ㉡

13 (1) < (2) <

14 (1) 7 (2) 3

15 6, 27

16 22, 23

17 15, 24, 42

18 8×7=56, 56

19 (예) 오리의 다리의 수는 2×9=18(개)이고, 염소의 다리 수는 4×3=12(개)입니다. 따라서 농장에 있는 동물의 다리는 모두 18+12=30(개)입니다. ; 30

20 (예) 예슬이가 가지고 있는 수수깡의 수는 5×6=30(개)입니다. 따라서 석기가 가지고 있는 수수깡은 30−5=25(개)입니다. ; 25

1 튤립이 9송이씩 2묶음이므로 9×2=18(송이)입니다.

2 8씩 6번 뛰어 세었으므로 8단 곱셈구구를 이용하면 8×6=48입니다.

4 3단 곱셈구구에서는 곱하는 수가 1씩 커질 때마다 곱이 3씩 커집니다.

5 2×8=16, 5×8=40, 6×8=48

6 7×4=28, 7×8=56, 7×6=42, 7×3=21

7 8×5=40, 6×2=12, 4×7=28

8 6×2=12, 6×9=54, 6×4=24, 6×3=18, 6×7=42

9 9×9=81, 9×4=36, 9×6=54, 9×8=72, 9×7=63

10 4단 곱셈구구를 이용합니다.
㉠ 4×6=24 ㉡ 4×3=12 ㉢ 4×7=28

11 2×4=8, 8×9=72

12 ㉠ 1×9=9 ㉡ 6×0=0 ㉢ 2×4=8
따라서 곱이 가장 큰 것부터 차례대로 기호를 쓰면 ㉠, ㉢, ㉡입니다.

13 (1) 8×0=0, 1×5=5이므로 0<5입니다.
(2) 0×9=0, 1×1=1이므로 0<1입니다.

14 (1) 5×□=35에서 5×7=35이므로 □=7입니다.
(2) □×8=24에서 3×8=24이므로 □=3입니다.

15 6×4=24, 3×9=27

16 3×7=21이므로 □ 안에 들어갈 수 있는 수는 22, 23입니다.

3. 길이재기

1 3미터 20센티미터

2 (1) 2　(2) 3, 50　(3) 425　(4) 637

3 1, 2

4 (1) 8, 97　(2) 5, 88　(3) 7, 68

5 2, 75　　　　　**6** (1) 4, 12　(2) 3, 11

7 2, 33　　　　　**8** ㉢, ㉡, ㉠

9 135 cm

7 3 m 33 cm−1 m=2 m 33 cm

유형1 1, 80 ; 325

1-1 5미터 43센티미터

1-2 (1) 4　(2) 700　(3) 6, 20　(4) 854

1-3 （선 연결）

1-4 (1) m　(2) cm　(3) m

유형2 0, 1, 20

2-1 (1) 2, 3　(2) 3, 56　**2-2** 1, 60

2-3 2, 20

유형3 3, 79

3-1 7, 74

3-2 (1) 8, 75　(2) 6, 60　(3) 9, 68　(4) 15, 90

3-3 2, 85

3-4 3 m 74 cm, 6 m 80 cm

3-5 4, 47　　　　　**3-6** (1) >　(2) <

3-7 ㉣, ㉡, ㉠, ㉢

유형4 3, 33

4-1 1, 20

4-2 (1) 3, 23　(2) 5, 36

4-3 2, 35　　　　　**4-4** >

4-5 1, 75　　　　　**4-6** ㉢, ㉠, ㉡

4-7 9, 8, 6 ; 1, 2, 5 ; 8, 6, 1

유형5 4

5-1 ㉡　　　　　　**5-2** 7

5-3 120　　　　　**5-4** ㉠, ㉣, ㉤

5-5 12　　　　　**5-6** （선 연결）

5-7 (1) 100 m　(2) 10 m

1-2 (3) 620 cm=600 cm+20 cm

　　　　　　　=6 m+20 cm

　　　　　　　=6 m 20 cm

3-3 　　1 m 65 cm

　　+1 m 20 cm

　　──────────

　　　　2 m 85 cm

3-4 　　1 m 21 cm　　　→　3 m 74 cm

　　+2 m 53 cm　　　　+3 m　6 cm

　　──────────　　　──────────

　　　3 m 74 cm　　　　6 m 80 cm

3-5 239 cm=2 m 39 cm입니다. 가장 긴 길이는 2 m 39 cm, 가장 짧은 길이는 2 m 8 cm이므로 합은 2 m 39 cm+2 m 8 cm=4 m 47 cm입니다.

3-6 (1) 3 m 33 cm+2 m 51 cm=5 m 84 cm

　　(2) 4 m 18 cm+5 m 38 cm=9 m 56 cm

3-7 ㉠ 4 m 80 cm

　　㉡ 4 m 82 cm

　　㉢ 4 m 75 cm

　　㉣ 5 m 13 cm

4-3 　　3 m 40 cm

　　−1 m　5 cm

　　──────────

　　　2 m 35 cm

4-4 8 m 49 cm−3 m 21 cm=5 m 28 cm

　　⇨ 5 m 28 cm>5 m 18 cm

4-5 　　2 m 95 cm

　　−1 m 20 cm

　　──────────

　　　1 m 75 cm

4-6 ㉠ 3 m 12 cm ㉡ 3 m 21 cm ㉢ 3 m 9 cm

유형5 칠판의 긴 쪽의 길이는 양팔 사이의 길이로 4번 잰 길이와 같으므로 약 4 m입니다.

5-1 교실의 긴 쪽의 길이를 재는 데 발 길이와 한 뼘으로 재면 재는 횟수가 너무 많습니다.

5-3 사물함 한 칸의 높이가 약 30 cm이므로 사물함 4칸의 높이는 약 30+30+30+30=120 (cm) 입니다.

5-5 주어진 1 m의 길이가 12번 정도 나오므로 끈의 길이는 약 12 m입니다.

step 3 기본 유형 다지기   60~65쪽

1 (1) 3미터 50센티미터 (2) 2미터 89센티미터
    (3) 5미터 47센티미터
2 (1) 6 (2) 800 (3) 3, 80 (4) 439
3
4 (1) cm (2) m
5 ㉠, ㉣
6 ㉢, ㉣
7 301, 3, 4
8 2, 70
9 (1) 3, 59 (2) 3, 42 (3) 7, 42 (4) 2, 5
10 3, 42   **11** 4, 70
12 2, 14   **13** 8, 62
14 5 m 79 cm, 1 m 34 cm
15 1, 87   **16** (1) < (2) =
17 2, 10   **18** 44
19 ㉢   **20** ㉠, ㉣
21 ㉡, ㉣, ㉠, ㉢   **22**
23 7, 80
24 324   **25** 예슬
26 1, 75   **27** 3, 6
28 4, 84   **29** 3, 15
30 23, 3
31 9, 7, 5 ; 1, 2, 3 ; 10, 98
32 9, 7, 3 ; 1, 2, 5 ; 8, 48
33 6, 27   **34** 예슬
35 예 상연이의 철사의 길이는 3 m와 30 cm의 차, 예슬이의 철사의 길이는 3 m와 10 cm의 차, 웅이의 철사의 길이는 3 m와 15 cm의 차이므로 예슬이의 철사가 3 m에 가장 가깝기 때문입니다.
36 12 m   **37** 160 cm
38 한초   **39** ㉣
40 40   **41** ㉠, ㉣

42   **43** 가영, 한초

44 규형, 약 386 cm ⇨ 약 386 m

6 ㉠ 375 cm=3 m 75 cm
    ㉡ 2 m 8 cm=208 cm

10 100 cm=1 m이므로
    342 cm=300 cm+42 cm
        =3 m+42 cm
        =3 m 42 cm

11 3 m 42 cm+1 m 28 cm=4 m 70 cm

12 3 m 42 cm−1 m 28 cm=2 m 14 cm

13 (이어 붙인 색 테이프의 길이)
    =3 m 25 cm+5 m 37 cm
    =8 m 62 cm

14 • 3 m 52 cm+2 m 27 cm=5 m 79 cm
    • 5 m 79 cm−4 m 45 cm=1 m 34 cm

15 • 495 cm=4 m 95 cm
    • 4 m 95 cm−3 m 8 cm=1 m 87 cm

16 (1) 2 m 40 cm+1 m 26 cm=3 m 66 cm
    (2) 5 m 84 cm−3 m 42 cm=2 m 42 cm
                    =242 cm

17 4 m 85 cm−2 m 75 cm=2 m 10 cm

18 28+□=72에서 □=72−28=44입니다.

19 ㉠ 2 m 63 cm+125 cm
        =2 m 63 cm+1 m 25 cm
        =3 m 88 cm
    ㉡ 5 m 48 cm−345 cm
        =5 m 48 cm−3 m 45 cm
        =2 m 3 cm
    ㉢ 321 cm+1 m 74 cm
        =3 m 21 cm+1 m 74 cm
        =4 m 95 cm
    ㉣ 958 cm−6 m 37 cm
        =9 m 58 cm−6 m 37 cm
        =3 m 21 cm

22 • 5 m 27 cm+1 m 45 cm
        =6 m 72 cm
        =672 cm

- 9 m 86 cm − 3 m 24 cm
  = 6 m 62 cm
  = 662 cm

23 5 m 52 cm + 228 cm
= 5 m 52 cm + 2 m 28 cm
= 7 m 80 cm

24 5 m 52 cm − 228 cm
= 552 cm − 228 cm
= 324 cm

25 • 석기: 5 m 52 cm − 4 m 40 cm = 1 m 12 cm
• 예슬: 2 m 28 cm − 1 m 8 cm = 1 m 20 cm

26 1 m 32 cm + 43 cm = 1 m 75 cm

27 7 m 65 cm − 459 cm
= 7 m 65 cm − 4 m 59 cm
= 3 m 6 cm

28 3 m 55 cm + 1 m 29 cm = 4 m 84 cm

29 7 m 63 cm − 4 m 48 cm = 3 m 15 cm

33 8 m 45 cm − 2 m 18 cm = 6 m 27 cm

34 • 상연 : 3 m 30 cm
• 예슬 : 2 m 90 cm
• 웅이 : 3 m 15 cm

38 한 걸음의 길이는 보통 약 50 cm이므로 강당의 긴 쪽의 길이는 5걸음보다 더 많습니다.

39 복도의 긴 쪽의 길이를 재는 데 가장 적은 횟수로 잴 수 있는 것은 양팔 사이의 길이입니다.

40 두 걸음이 1 m이므로 8걸음은 4 m, 80걸음은 약 40 m입니다.

step 4 응용실력기르기 (66~69쪽)

1 석기, 웅이, 영수	**2** 3, 80
3 10	**4** (1) 4, 2, 5 (2) 8, 7, 4
5 11	**6** 21, 30
7 2, 96	**8** ⓒ, ⓜ, ⓑ
9 5, 50	**10** 1, 2, 3, 4
11 2, 70	**12** 5, 95
13 3, 15	**14** 3, 29
15 9, 80	**16** 500

1 • 단위를 맞춘 후 길이를 비교합니다.
• 영수 : 1 m 42 cm ⇨ 142 cm
• 웅이 : 155 cm
• 석기 : 1 m 64 cm ⇨ 164 cm
따라서 가장 멀리 뛴 학생부터 차례대로 이름을 쓰면 석기, 웅이, 영수입니다.

2 작은 눈금 한 칸의 길이는 20 cm입니다.
따라서 나무 막대의 길이는 4 m보다 20 cm 짧은 3 m 80 cm입니다.

3 나무가 눈금을 3칸 정도 차지하고 있으므로 눈금 한 칸은 약 2 m입니다.
따라서 건물은 눈금을 5칸 정도 차지하므로 건물의 높이는 약 10 m입니다.

5 한초가 던진 공은 10 m와 11 m 사이에 있고 11 m에 더 가까우므로 약 11 m를 던졌습니다.

6 (집에서 은행을 거쳐 우체국까지 가는 거리)
= 57 m 10 cm + 66 m 50 cm = 123 m 60 cm
따라서 집에서 은행을 거쳐 우체국까지 가는 거리는 집에서 우체국까지 바로 가는 거리보다
123 m 60 cm − 102 m 30 cm = 21 m 30 cm
더 멉니다.

7 (동생의 키) = 1 m 63 cm − 30 cm
= 1 m 33 cm
두 사람의 키의 합은 다음과 같습니다.
1 m 63 cm + 1 m 33 cm = 2 m 96 cm

9 한 걸음의 길이로 11걸음이므로 50 cm를 11번 이은 것과 같습니다.
$\underbrace{50 + 50 + \cdots + 50}_{10번} + 50 = 500 + 50 = 550(cm)$
따라서 약 550 cm = 5 m 50 cm입니다.

10 5□8 cm = 5 m □8 cm이므로 □ 안에 들어갈 수 있는 숫자는 1, 2, 3, 4입니다.

11 ㉠은 1 m 30 cm이므로 이어 붙인 색 테이프의 길이는 1 m 40 cm + 1 m 30 cm = 2 m 70 cm입니다.

12 • (처음에 가지고 있던 철사의 길이)
= (사용한 철사의 길이) + (남은 철사의 길이)
• (사용한 철사의 길이)
= 2 m 30 cm + 2 m 30 cm = 4 m 60 cm
따라서 처음에 가지고 있던 철사의 길이는
4 m 60 cm + 1 m 35 cm = 5 m 95 cm입니다.

13 가영이에게 주고 난 리본 끈의 길이는
8 m 80 cm−2 m 35 cm=6 m 45 cm이므로
웅이에게 준 리본 끈의 길이는
6 m 45 cm−3 m 30 cm=3 m 15 cm입니다.

14 ・(㉠~㉡)=7 m 65 cm−5 m 63 cm
　　　　　=2 m 2 cm
・(㉡~㉢)=5 m 31 cm−2 m 2 cm
　　　　　=3 m 29 cm

15

120cm 120cm
2m 50cm　　　2m 50cm
120cm 120cm

・120 cm=1 m 20 cm
・1 m 20 cm+1 m 20 cm+1 m 20 cm
　+1 m 20 cm
　=4 m 80 cm
・2 m 50 cm+2 m 50 cm=5 m
따라서 4 m 80 cm+5 m=9 m 80 cm입니다.

16 (ㄴ부터 ㄷ까지의 길이)
=1 m 40 cm+50 cm=1 m 90 cm
따라서 세 변의 길이의 합은 다음과 같습니다.
1 m 40 cm+1 m 90 cm+1 m 70 cm
=5 m=500 cm

step 5 응용실력 높이기 70~73쪽

1 12, 3	**2** 3, 30
3 2, 39	**4** 4, 85
5 은지	**6** 11, 30
7 8, 4	**8** 1, 59
9 5, 30	**10** 405
11 66, 97	**12** 2, 47

1 ・cm 단위의 계산 : 34+㉠+21=67,
　　　　　　　　　　 55+㉠=67, ㉠=12
・m 단위의 계산 : 2+4+㉡=9, 6+㉡=9,
　　　　　　　　　　 ㉡=3

2 ・60 cm+60 cm=120 cm=1 m 20 cm
・40 cm+40 cm=80 cm
・20 cm+20 cm+20 cm+20 cm=80 cm
따라서 매듭의 길이를 제외한 끈의 길이는
1 m 20 cm+80 cm+80 cm=2 m 80 cm
이므로 필요한 끈은 모두
2 m 80 cm+50 cm=3 m 30 cm입니다.

3 ・(나의 길이)=(다의 길이)−17 cm
　　　　　　　=2 m 21 m−17 cm
　　　　　　　=2 m 4 cm
・(가의 길이)=(나의 길이)+35 cm
　　　　　　　=2 m 4 cm+35 cm
　　　　　　　=2 m 39 cm

4 75 cm+312 cm=75 cm+3 m 12 cm
　　　　　　　　=3 m 87 cm
㉮의 길이는 다음과 같습니다.
3 m 87 cm−2 m 35 cm=1 m 52 cm
㉯의 길이는 3 m 87 cm−54 cm=3 m 33 cm
따라서 ㉮와 ㉯의 길이의 합은 다음과 같습니다.
1 m 52 cm+3 m 33 cm=4 m 85 cm

5 각자 어림하여 자른 리본의 길이가 4 m와 얼마만큼
차이가 나는지 알아봅니다. 예나는 13 cm, 형식은
15 cm, 은지는 8 cm의 차이가 나므로 가장 가깝게
어림한 사람은 은지입니다.

6 ・가장 긴 길이 : 8 m 62 cm
・가장 짧은 길이 : 2 m 68 cm
(길이의 합)=8 m 62 cm+2 m 68 cm
　　　　　　=10 m+130 cm
　　　　　　=11 m 30 cm

7 ・(색 테이프 4장의 길이의 합)
　=2 m 28 cm+2 m 28 cm+2 m 28 cm
　+2 m 28 cm
　=8 m 112 cm=9 m 12 cm
・(겹쳐진 부분의 길이의 합)
　=36 cm+36 cm+36 cm
　=108 cm=1 m 8 cm
・(색 테이프의 전체 길이)
　=9 m 12 cm−1 m 8 cm=8 m 4 cm

8 ・(형석이의 키)=1 m 45 cm−8 cm
　　　　　　　　=1 m 37 cm
・(예나의 키)=1 m 37 cm+7 cm=1 m 44 cm
・(은지의 키)=1 m 44 cm+3 cm=1 m 47 cm
・(유승이의 키)=1 m 47 cm+12 cm
　　　　　　　　=1 m 59 cm

9 (짧은 쪽 철사의 길이)+60 cm
=(긴 쪽의 철사의 길이)
긴 쪽의 길이의 2배의 길이는 10 m 60 cm입니다.
따라서 긴 쪽의 길이는 10 m 60 cm의 절반인
5 m 30 cm입니다.

10 세 명이 가진 막대의 길이는 다음과 같습니다.
· 유승: 1 m 25 cm=125 cm
· 한솔: 125 cm+80 cm=205 cm
· 근희: 125 cm−50 cm=75 cm
따라서 세 명이 가진 막대로 잴 수 있는 가장 긴 길이
는 125 cm+205 cm+75 cm=405 cm입니다.

11 ·(형석이가 던진 거리)=23 m 45 cm
· (예나가 던진 거리)
=23 m 45 cm−5 m 32 cm=18 m 13 cm
· (상연이가 던진 거리)
=18 m 13 cm+7 m 26 cm=25 m 39 cm
· (세 사람이 던진 거리의 합)
=23 m 45 cm+18 m 13 cm+25 m 39 cm
=66 m 97 cm

12 4개의 종이 테이프를 이어 붙였으므로 풀칠한 곳은
3군데입니다.
(이어 붙인 종이 테이프 전체의 길이)
=(4개의 종이 테이프 길이의 합)
−16 cm−16 cm−16 cm
=2 m 95 cm−48 cm=2 m 47 cm

1 (1) 4, 5 (2) 620   **2** ②
3 3, 60   **4** ㉡
5 ㉠, ㉢, ㉡, ㉣   **6** 1, 50
7 ㉠, ㉢   **8** (1) 2, 55 (2) 6, 89
9 6, 93   **10** 9, 87
11 2, 93   **12** 4, 75
13 (1) 4, 35 (2) 4, 31   **14** 2, 43
15 5, 28   **16** ㉢
17 5   **18** 8
19 예 (길이가 1 m 25 cm인 색 테이프 3개의 길이)
=1 m 25 cm+1 m 25 cm+1 m 25 cm
=3 m 75 cm
(겹친 부분 두 군데의 길이)
=3 m 75 cm−3 m 45 cm=30 cm
따라서 겹친 부분 두 군데의 길이의 합이 30 cm
이므로 겹친 부분 한 군데의 길이는 15 cm입니다.
; 15 cm
20 예 석기는 가영이보다 1분 동안
51 m 70 cm−47 m 50 cm=4 m 20 cm
씩 더 많이 걷습니다.
따라서 3분 동안 석기가 가영이보다 더 많이 걸은
거리는 다음과 같습니다.
4 m 20 cm+4 m 20 cm+4 m 20 cm
=12 m 60 cm
; 12, 60

1 (1) 405 cm=400 cm+5 cm=4 m 5 cm
(2) 6 m 20 cm=600 cm+20 cm=620 cm

3 360 cm=300 cm+60 cm
=3 m+60 cm
=3 m 60 cm
따라서 칠판의 긴쪽의 길이는 3 m 60 cm입니다.

4 4 m 20 cm=420 cm
㉠ 4 m 2 cm=402 cm
㉢ 2 m 40 cm=240 cm

5 ㉠ 3 m 8 cm=308 cm
㉡ 3 m 85 cm=385 cm
따라서 길이가 가장 짧은 것부터 차례대로 쓰면 ㉠,
㉢, ㉡, ㉣입니다.

6 거울의 긴 쪽의 길이는 길이가 **30** cm인 막대를 **5**번 이은 길이와 같으므로 약 **1** m **50** cm입니다

9 **2** m **68** cm＋**4** m **25** cm＝**6** m **93** cm

10 **329** cm＋**6** m **58** cm
＝**3** m **29** cm＋**6** m **58** cm
＝**9** m **87** cm

11 **1** m **65** cm＋**1** m **28** cm＝**2** m **93** cm

12 (동민이가 가진 끈의 길이)
＝**2** m **14** cm＋**47** cm＝**2** m **61** cm
(지혜와 동민이가 가지고 있는 끈의 길이의 합)
＝**2** m **14** cm＋**2** m **61** cm＝**4** m **75** cm

14 **7** m **90** cm－**5** m **47** cm＝**2** m **43** cm

15 **795** cm－**2** m **67** cm
＝**7** m **95** cm－**2** m **67** cm
＝**5** m **28** cm

16 운동장의 둘레를 뼘을 이용하여 재면 재는 횟수가 너무 많아집니다.

17 한솔이의 한 걸음의 길이는 **50** cm이고 방의 긴 쪽의 길이는 **50** cm를 **10**번 이은 길이와 같으므로 약 **500** cm입니다. 따라서 방의 긴 쪽의 길이는 약 **5** m입니다.

18 현수의 양팔 사이의 길이로 **7**번이므로 **1** m를 **7**번 이은 길이와 같습니다. ⇨ 약 **7** m
민희의 한 뼘으로 **5**번이므로 **20** cm를 **5**번 이은 길이와 같습니다. ⇨ 약 **1** m
따라서 교실의 짧은 쪽의 길이는 약 **8** m입니다.

4. 시각과 시간

1 (1) **3, 35** (2) **7, 21**
2 (1) **7, 50, 8, 10** (2) **3, 45, 4, 15**
3 (1) **1** (2) **1, 20** (3) **130**
4 **1**시간 **10**분, **1**시간 **30**분
5 (1) **27** (2) **1, 4**   **6** (1) 오전 (2) 오후
7 (1) 토 (2) **9**   **8** (1) **14** (2) **1, 2**

3 (2) **80**분＝**60**분＋**20**분＝**1**시간＋**20**분
＝**1**시간 **20**분
(3) **2**시간 **10**분＝**2**시간＋**10**분
＝**60**분＋**60**분＋**10**분
＝**130**분

5 (1) **1**일 **3**시간＝**24**시간＋**3**시간
＝**27**시간
(2) **28**시간＝**24**시간＋**4**시간
＝**1**일 **4**시간

유형**1** **7, 8, 2, 7, 10**
1-1 **20, 25, 30, 35, 40, 45, 50, 55**
1-2 (1) **5, 5** (2) **11, 20**
1-3 **9, 35**   **1-4** (1) **9, 17** (2) **1, 46**
1-5 **3, 28**
1-6 (1)   (2)

1-7

유형**2** **6, 5**
2-1 (1) **5, 45** (2) **15** (3) **6, 15**
2-2 **7, 55** ; **8, 5**
2-3 (1) **6** (2) **53** (3) **11** (4) **7, 8**
유형**3** **60, 60**
3-1 (1) **2, 15** (2) **2, 40** (3) **25**

3-2 (1) 60 (2) 180 (3) 1, 40

3-3 5, 40

3-4 (1) 풀이 참조 (2) 1, 35 (3) 95

3-5 5, 30

유형4 24, 오전, 오후

4-1 (1) 오전 (2) 오후

4-2 14

4-3 (1) 30 (2) 48 (3) 1, 13

유형5 7, 12

5-1 (1) 5 (2) 화요일 (3) 28 (4) 금요일

5-2 (1) 21 (2) 17 (3) 6, 3

5-3 16, 화요일

5-4 (1) 31 (2) 30

5-5 ②

5-6 (1) 30 (2) 3, 9

1-2 (1) 짧은바늘이 5와 6 사이에 있고 긴바늘이 1을 가리키므로 5시 5분입니다.

(2) 짧은바늘이 11과 12 사이에 있고 긴바늘이 4를 가리키므로 11시 20분입니다.

1-3 시계의 짧은바늘이 9와 10 사이에 있고 긴바늘이 7을 가리키므로 9시 35분입니다.

1-4 (1) 짧은바늘이 9와 10 사이에 있으므로 9시입니다. 긴바늘이 3에서 작은 눈금 2칸 더 갔으므로 17분입니다.

(2) 짧은바늘이 1과 2 사이에 있으므로 1시입니다. 긴바늘이 9에서 작은 눈금 1칸 더 갔으므로 46분입니다.

1-5 시계의 짧은바늘이 3과 4 사이에 있으므로 3시이고 긴바늘이 5에서 작은 눈금 3칸 더 간 곳을 가리키므로 28분입니다.

1-6 (1) 긴바늘이 7에서 작은 눈금 3칸 더 간 곳을 가리키도록 그립니다.

(2) 긴바늘이 11에서 작은 눈금 4칸 더 간 곳을 가리키도록 그립니다.

1-7 왼쪽 시계는 6시 43분을 나타내므로 오른쪽 시계의 긴바늘은 8에서 작은 눈금 3칸 더 간 곳을 가리키도록 그립니다.

3-1 (3) 2시 15분에서 2시 40분 사이는 25분입니다. 따라서 한별이가 학교에서 집까지 오는 데 걸린 시간은 25분입니다.

3-2 (3) 100분＝60분＋40분＝1시간＋40분
＝1시간 40분

3-3 4시 10분 ──1시간 후──▶ 5시 10분 ──30분 후──▶ 5시 40분
따라서 난타 공연이 끝난 시각은 5시 40분입니다.

3-4 (1)

(2) 1시 ──1시간 후──▶ 2시 ──35분 후──▶ 2시 35분

(3) 1시간 35분＝1시간＋35분＝60분＋35분
＝95분

3-5 긴바늘이 한 바퀴 도는 데 걸리는 시간은 1시간이므로 5시 30분입니다.

4-2 그림에서 한 칸은 1시간을 나타내고 색칠한 칸이 14칸이므로 구하려고 하는 시간은 14시간입니다.

4-3 (1) 1일 6시간＝1일＋6시간＝24시간＋6시간
＝30시간

(2) 2일＝1일＋1일＝24시간＋24시간＝48시간

(3) 37시간＝24시간＋13시간＝1일＋13시간
＝1일 13시간

5-1 (1) 2일, 9일, 16일, 23일, 30일이 토요일입니다.

(2) 4일부터 15일 후는 4＋15＝19(일)이고, 19일은 화요일입니다.

(4) 11일에서 3일 전은 11－3＝8(일)이고 8일은 금요일입니다.

5-2 (1) 3주일＝1주일＋1주일＋1주일
＝7일＋7일＋7일
＝21일

(2) 2주일 3일＝1주일＋1주일＋3일
＝7일＋7일＋3일
＝17일

(3) 45일
＝7일＋7일＋7일＋7일＋7일＋7일＋3일
＝6주일 3일

5-3 1주일은 7일이고 같은 요일은 7일마다 반복됩니다. 따라서 9일에서 7일 후는 16일이고 화요일입니다.

5-4 (1) 7월은 1일부터 31일까지 있습니다.

(2) **9**월은 **1**일부터 **30**일까지 있습니다.

5-5 **2**월은 **28**일 또는 **29**일로 날수가 가장 적습니다.

5-6 (1) **2**년 **6**개월=**1**년+**1**년+**6**개월
　　　　　　 =**12**개월+**12**개월+**6**개월
　　　　　　 =**30**개월

　　(2) **45**개월=**12**개월+**12**개월+**12**개월+**9**개월
　　　　　　 =**1**년+**1**년+**1**년+**9**개월
　　　　　　 =**3**년 **9**개월

 기본유형 다지기　　　84~89쪽

1

2 **4**, **5** ; **3** ; **4**, **15**

3 **2**, **40**

4 예) 시계의 긴바늘이 가리키는 숫자 **4**를 **20**분이 아닌 **4**분으로 읽었기 때문입니다. / **7**, **20**

5 **10**, **25**

6 짧은, **9**, **10**, 긴, **7**

7 **1**, **33**

8 ⤬

9

10 **4**, **42**

11 **7**, **5**, **12**, **10**

12 (1) **7**, **50** (2) **10** (3) **8**, **10**

13 **2**, **45** ; **3**, **15**

14 (1) **10** (2) **9**

15 ⤬

16 (시계 그림)

17 가영

18 (1) **2** (2) **100** (3) **180** (4) **1**, **50**

19 (1) **4** (2) **5**, **20** (3) 풀이 참조, **1**, **20**

20 **4**

21 **35**

22 (시계 그림)

23 **10**, **40**

24 ⓒ, ⓛ, ⓖ, ⓔ

25 **1**, **50**

26 **4**, **20**

27 한별

28 (1) **24** (2) **1**, **4** (3) **50** (4) **2**

29 (1) 오전 (2) 오후 (3) 오후 (4) 오전

30 **5**, **30**

31 **10**, 오전, **3**

32 (1) 오전 (2) 오후

33 (1) **14** (2) **24** (3) **3** (4) **3**

34 (1) 금 (2) 화 (3) **1**, **8**, **15**, **22**, **29** (4) **14**

35 **12**

36 **6**일, **13**일, **20**일, **27**일

37 화요일

38 일요일

39 **31**, **30**, **31**, **30**, **31**, **31**, **30**, **31**, **30**, **31**

40 (1) **9**, **11** (2) **5**, **7**, **8**, **10**, **12**

41 금

42 ⓛ, ⓔ

43 **27**

44

일	월	화	수	목	금	토
				1	2	3	4
5	6	7	8	9	10	11
12	13	14	15	16	17	18
19	20	21	22	23	24	25
26	27	28	29	30	31	

45 **1**일, **8**일, **15**일, **22**일, **29**일

46 금요일

47 월요일

5 짧은바늘이 **10**과 **11** 사이, 긴바늘이 **5**를 가리키므로 시계가 나타내는 시각은 **10**시 **25**분입니다.

10 **8**에서 작은 눈금 **2**칸을 더 가면 **42**분입니다.

17 가영이가 일어난 시간은 **6**시 **50**분입니다.

19 4시 10분 20분 30분 40분 50분 5시 10분 20분 30분 40분 50분 6시

(3) **4**시 ─^{1시간}→ **5**시 ─^{20분}→ **5**시 **20**분
따라서 숙제하는 데 걸린 시간은 **1**시간 **20**분입니다.

20 짧은바늘이 숫자 **3**에서 **7**까지 가는 데 걸린 시간은 **4**시간입니다.
따라서 긴바늘은 모두 **4**바퀴를 돕니다.

21 **7**시에서 **7**시 **35**분 사이는 **35**분이므로 효근이가 운동을 한 시간은 **35**분입니다.

23 ・**1**교시 수업이 끝나는 시각 : **9**시 **50**분
・**2**교시 수업이 시작되는 시각 : **10**시
・**2**교시 수업이 끝나는 시각 : **10**시 **40**분

24 ㉠ **80**분, ㉡ **120**분, ㉢ **150**분, ㉣ **70**분

25 5시 40분 $\xrightarrow{\text{1시간 후}}$ 6시 40분 $\xrightarrow{\text{20분 후}}$ 7시 —

$\xrightarrow{\text{30분 후}}$ 7시 30분

따라서 지혜가 동화책을 읽은 시간은 **1**시간 **50**분입니다.

26 3시 30분 $\xrightarrow{\text{30분 후}}$ 4시 $\xrightarrow{\text{20분 후}}$ 4시 20분

27 · 웅이의 운동 시간 : **1**시간 **10**분

· 한별이의 운동 시간 : **1**시간 **25**분

30 오전 **8**시 **30**분부터 낮 **12**시까지는 **3**시간 **30**분, 낮 **12**시부터 오후 **2**시까지는 **2**시간이므로 석기가 학교에서 생활한 시간은 **5**시간 **30**분입니다.

31 짧은바늘이 한 바퀴 돌면 **12**시간이 지나므로 **10**일 오전 **3**시입니다.

34 (3) 같은 요일은 **7**일마다 반복됩니다.

(4) 같은 요일은 **7**일마다 반복되므로 첫째 주 금요일부터 2주일 후인 **7**+**7**=**14**(일) 후가 셋째 주 금요일입니다.

35 **1**주일은 **7**일입니다. ⇨ **5**+**7**=**12**(일)

36 **7**일마다 같은 요일이 반복됩니다.

38 **8**월 **31**일이 수요일이므로 **9**월 **1**일은 목요일입니다. 따라서 **9**월 **4**일은 일요일입니다.

39 각 달의 날수는 **31**일, **30**일, **28**(**29**)일 중 하나입니다.

41 **3**일 수요일에서 **14**일 후는 수요일이므로 **15**일 후는 목요일, **16**일 후는 금요일입니다.

42 같은 요일은 **7**일마다 반복되므로 **12**일과 같은 요일인 날은 **12**−**7**=**5**(일), **12**+**7**=**19**(일), **19**+**7**=**26**(일)입니다.

43 **2**년=**24**개월이므로
2년 **3**개월=**24**개월+**3**개월=**27**개월입니다.

47 다음 해 **1**월 **1**일이 토요일이므로 **1**월 **3**일은 월요일입니다.

---

step 4 응용실력기르기 90~93쪽

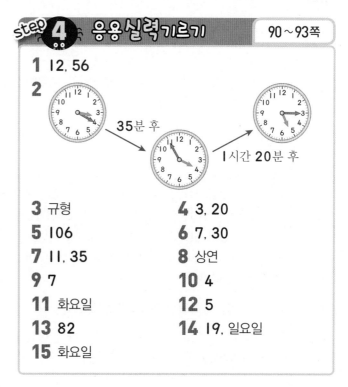

1 12, 56

2

3 규형   **4** 3, 20

5 106   **6** 7, 30

7 11, 35   **8** 상연

9 7   **10** 4

11 화요일   **12** 5

13 82   **14** 19, 일요일

15 화요일

1 짧은바늘이 **12**와 **1** 사이에 있으므로 **12**시이고 긴바늘이 **11**에서 작은 눈금 **1**칸을 더 간 곳을 가리키므로 **56**분입니다.

2 처음 시계가 나타내는 시각은 **3**시 **20**분입니다.

3시 20분 $\xrightarrow{\text{35분 후}}$ 3시 55분 $\xrightarrow{\text{1시간 20분 후}}$ 5시 15분

3 신영, 한별, 규형이가 잠자리에 든 시각은 각각 다음과 같습니다.

신영 : **10**시 **20**분, 한별 : **9**시 **55**분,

규형 : **10**시 **38**분

따라서 규형이가 가장 늦게 잠자리에 들었습니다.

4 오전 10시 $\xrightarrow{\text{2시간 후}}$ 낮 12시 $\xrightarrow{\text{1시간 후}}$ 오후 1시

$\xrightarrow{\text{20분 후}}$ 오후 1시 20분

따라서 야구 경기를 한 시간은 **3**시간 **20**분입니다.

5 5시 42분 $\xrightarrow{\text{1시간 후}}$ 6시 42분 $\xrightarrow{\text{18분 후}}$ 7시 —

$\xrightarrow{\text{28분 후}}$ 7시 28분

따라서 동민이가 숙제를 한 시간은 **1**시간 **46**분이므로 분으로 나타내면 **106**분입니다.

6 시계의 긴바늘이 **3**바퀴 반을 돌았으므로 **3**시간 **30**분 동안 도서관에 있었습니다.

따라서 도서관에서 나온 시각은 **7**시 **30**분입니다.

7 9시 15분 $\xrightarrow{\text{40분+10분 후}}$ 10시 5분 —

1교시 시작   2교시 시작

$$\xrightarrow{\text{40분+10분 후}} \boxed{\text{10시 55분}} \xrightarrow{\text{40분 후}} \boxed{\text{11시 35분}}$$
3교시 시작   3교시 끝

8 지혜가 숙제를 한 시간은 1시간 20분이고 상연이가 숙제를 한 시간은 1시간 30분입니다.
따라서 숙제를 하는 데 걸린 시간이 더 많은 사람은 상연이입니다.

9 버스는 40분 간격으로 운행되므로 오전 중에 탈 수 있는 버스의 출발 시각은 오전 7시 30분, 오전 8시 10분, 오전 8시 50분, 오전 9시 30분, 오전 10시 10분, 오전 10시 50분, 오전 11시 30분입니다.
따라서 가영이네 가족이 오전 중에 탈 수 있는 버스는 모두 7대입니다.

10 12월부터 다음 해 3월까지는 4개월입니다.

11 4월은 30일까지 있고 같은 요일은 7일마다 반복되므로 30−7=23(일), 23−7=16(일), 16−7=9(일), 9−7=2(일)이 같은 요일입니다.
따라서 4월 30일은 4월 2일과 같은 화요일입니다.

12 8월 2일이 토요일이므로 2+7=9(일), 9+7=16(일), 16+7=23(일), 23+7=30(일)도 토요일입니다.
따라서 8월 한 달 동안 가영이는 수영장을 모두 5번 갑니다.

13 8월 15일 $\xrightarrow{\text{31일 후}}$ 9월 15일 $\xrightarrow{\text{30일 후}}$ 10월 15일 $\xrightarrow{\text{16일 후}}$ 10월 31일 $\xrightarrow{\text{5일 후}}$ 11월 5일
따라서 31+30+16+5=82(일) 남았습니다.

14 2주일=1주일+1주일=7일+7일=14일이므로 5일에서 2주일 후는 5+14=19(일)이고 19일은 5일과 같은 일요일입니다.

15 28−7=21, 21−7=14, 14−7=7이므로 28일은 7일과 같은 요일인 화요일입니다.

---

1 3, 41	**2** 9, 36
3 1, 55	**4** 상연, 가영, 용희
5 9, 21	**6** 50
7 8, 5	**8** 29
9 13	**10** 토요일
11 (1) 목요일 (2) 6, 9	**12** 104

1 거울을 통해 시계를 보면 왼쪽과 오른쪽이 바뀌어 나타납니다.

시계의 짧은 바늘이 3과 4 사이에 있으므로 3시이고 긴바늘이 8에서 작은 눈금 1칸 더 간 곳을 가리키므로 41분입니다.
따라서 영수가 거울을 본 시각은 3시 41분입니다.

2 오늘 오전 10시부터 내일 오전 10시까지는 24시간입니다.
따라서 시계는 24시간 동안 24분 느려지므로 내일 오전 10시에 이 시계가 가리키는 시각은 오전 9시 36분입니다.

3 4시 10분 $\xrightarrow{\text{2시간 전}}$ 2시 10분 $\xrightarrow{\text{15분 전}}$ 1시 55분

4 용희 : 4시 25분 $\xrightarrow{\text{35분}}$ 5시 $\xrightarrow{\text{40분}}$ 5시 40분 ⇨ 75분
가영 : 3시 50분 $\xrightarrow{\text{10분}}$ 4시 $\xrightarrow{\text{60분}}$ 5시 — $\xrightarrow{\text{15분}}$ 5시 15분 ⇨ 85분
상연 : 2시 45분 $\xrightarrow{\text{15분}}$ 3시 $\xrightarrow{\text{60분}}$ 4시 — $\xrightarrow{\text{20분}}$ 4시 20분 ⇨ 95분

5 • 웅이의 생일 : 9월 30일
• 효근이의 생일 : 10월 10일
• 가영이의 생일 : 9월 21일

6 10월 15일 오후 3시 $\xrightarrow{\text{48시간 후}}$ 10월 17일 오후 3시 $\xrightarrow{\text{2시간 후}}$ 10월 17일 오후 5시
따라서 동민이네 가족이 여행한 시간은 모두 48+2=50(시간)입니다.

7 7월은 31일까지 있고, 7월의 첫째 일요일이 6일이므로, 둘째 일요일은 6+7=13(일), 셋째 일요일은

13+7=20(일)입니다.

7월 20일 $\xrightarrow{11일 후}$ 31일 $\xrightarrow{5일 후}$ 8월 5일

따라서 셋째 일요일에서 16일 후는 8월 5일입니다.

8 2월의 날수는 28일 또는 29일입니다.
2월의 수요일인 날짜는 3일, 10일, 17일, 24일이
므로 3월 3일은 24일부터 8일 후입니다.
8=5+3에서 2월은 24+5=29(일)까지 있습니다.

9 7월은 31일까지 있으므로 여름 방학은 7월에
31−21=10(일), 8월에 17일로 모두
10+17=27(일)입니다.
12월과 1월이 모두 31일까지 있으므로 겨울방학은
12월에 31−24=7(일), 1월에 31일, 2월에 2일
로 모두 7+31+2=40(일)입니다.
따라서 겨울방학은 여름방학보다 40−27=13(일)
더 깁니다.

10 7월 17일은 5월 8일부터 31−8+30+17=70(일)
후입니다. 7월 17일부터 7일씩 뛰어 세면 같은 요
일이 반복되고, 70일은 7일씩 10번 뛰어 센 수이므
로 7월 17일은 5월 8일과 같은 토요일입니다.

11 (1) 31−7−7−7=10(일)이 목요일이므로 마지막
날인 31일은 목요일입니다.
(2) 5월 31일이 목요일이므로 6월의 첫째 토요일은
6월 2일입니다. 따라서 6월의 둘째 토요일은
2+7=9(일)로 6월 9일입니다.

12 8시 59분 ⇨ 8+5+9=22이므로 23−22=1만
큼 부족합니다.
따라서 숫자의 합이 처음으로 23이 되는 시각은
9시 59분으로 지금부터 45+59=104(분 후)입니다.

1 (1) 25 (2) 10 **2** 11, 53
3 6, 32 **4** 5, 50 ; 6, 10
5 **6**
7 45 **8** 3, 45
9 5, 20 **10** 95
11 6, 10 **12** (1) 82 (2) 4, 4
13 7
14 (1) 24 (2) 35 (3) 5, 6
15

일	월	화	수	목	금	토
			1	2	3	4	5
6	7	8	9	10	11	12
13	14	15	16	17	18	19
20	21	22	23	24	25	26
27	28	29	30	31		

16 4월, 6월, 9월, 11월
17 5 **18** 18
19 예 야구 경기가 4시에 시작하여 6시 30분에 끝났
으므로 야구 경기는 2시간 30분 동안 했습니다.
따라서 시계의 긴바늘은 2바퀴 반을 돌았습니다.
; 2바퀴 반
20 예 9월은 30일까지 있습니다.
이번 달의 30일은 30−7−7−7−7=2(일)과
같은 토요일이므로 10월 1일은 일요일입니다.
따라서 10월 3일은 화요일입니다. ; 화요일

1 시계의 긴바늘이 1을 가리키면 5분입니다.

2 짧은바늘이 11과 12 사이에 있으므로 11시이고, 긴
바늘이 10에서 작은 눈금 3칸 더 간 곳을 가리키므
로 53분입니다.

3 짧은바늘이 6과 7 사이에 있으므로 6시이고, 긴바늘
이 6에서 작은 눈금 2칸 더 간 곳을 가리키므로 32
분입니다. 따라서 6시 32분입니다.

4 5시 50분에서 10분이 더 지나야 6시이므로
6시 10분 전입니다.

5 9시 5분 전은 8시 55분입니다.
따라서 짧은바늘은 8과 9 사이, 긴바늘은 11을 가리
키도록 그립니다.

6 1시 10분에서 45분 후는 1시 55분입니다.

따라서 짧은바늘은 **1**과 **2** 사이, 긴바늘은 **11**을 가리키도록 그립니다.

7 9시 40분 —20분 후→ 10시 —25분 후→ 10시 25분

10 3시 45분 —1시간 후→ 4시 45분 —15분 후→ 5시 —
—20분 후→ 5시 20분
따라서 상연이가 공부를 한 시간은
1시간 **35**분=**95**분입니다.

11 4시 50분 —1시간 후→ 5시 50분 —10분 후→ 6시 —
—10분 후→ 6시 10분

12 (1) 3일 10시간
=24시간+24시간+24시간+10시간
=**82**시간
(2) 100시간
=24시간+24시간+24시간+24시간+4시간
=**4**일 **4**시간

13 오전 8시 30분 —3시간 30분 후→ 낮 12시 —
—3시간 30분 후→ 오후 3시 30분

14 (1) 3주일 3일=7일+7일+7일+3일=**24**일
(2) 2년 11개월=12개월+12개월+11개월
=**35**개월
(3) 66개월
=12개월+12개월+12개월+12개월
+12개월+6개월
=**5**년 **6**개월

15 **10**월은 **31**일까지 있습니다.

17 **3**월은 **31**일까지 있습니다.
따라서 이번 달의 월요일은 **3**일, **10**일, **17**일, **24**일, **31**일로 모두 **5**일입니다.

18 이번 달의 첫째 주 화요일이 **4**일이므로 셋째 주 화요일은 **4**+**7**+**7**=**18**(일)입니다.

---

5. 표와 그래프

step ① 개념 확인하기   102~103쪽

1 2, 5, 3 ; 1, 1, 12

2

학생 수 (명) / 장소	식물원	박물관	농장	놀이공원	동물원
7					
6				○	
5		○		○	
4		○		○	○
3	○	○		○	○
2	○	○	○	○	○
1	○	○	○	○	○

3 (1) **20**   (2) 사과, 딸기

(3)

학생 수 (명) / 과일	사과	귤	포도	배	딸기
7		×			
6		×			
5		×	×		
4		×	×		
3	×	×	×		×
2	×	×	×	×	×
1	×	×	×	×	×

(4) 귤

4 2, 5, 1, 2, 10

1 (합계)=2+5+3+1+1=**12**(명)

2 아래쪽부터 차례로 학생 수만큼 ○를 그립니다.

유형1 1, 5, 4, 2, 12

1-1 라면　　　　　　**1-2** 5, 2, 6, 4, 1, 18

1-3 햄버거　　　　　**1-4** 3

1-5 3　　　　　　　**1-6** 2

1-7 축구

유형2

학생 수(명) / 계절	봄	여름	가을	겨울
4		○		
3		○		○
2	○	○		○
1	○	○	○	○

2-1 ㉡, ㉢, ㉣, ㉠

2-2

좋아하는 채소별 학생 수

학생 수(명) / 채소	1	2	3	4	5	6	7	8	9
당근	○	○	○						
감자	○	○	○	○	○				
고구마	○	○	○	○	○	○	○	○	
오이	○	○	○	○	○	○	○		

2-3 학생 수

2-4 고구마, 한눈에 알아보기

2-5

좋아하는 계절별 학생 수

학생 수(명) / 계절	봄	여름	가을	겨울
5	○			○
4	○		○	○
3	○	○	○	○
2	○	○	○	○
1	○	○	○	○

유형3 (1) 47　(2) 별님

3-1 초콜릿, 8

3-2

학생 수(명) / 우유	바나나	딸기	초콜릿	흰우유
8			/	
7			/	
6	/		/	
5	/		/	
4	/	/	/	
3	/	/	/	
2	/	/	/	/
1	/	/	/	/

3-3 ㉠, ㉢, ㉣

3-4 국화, 코스모스

3-5

학생 수(명) / 꽃	장미	튤립	국화	코스모스
7	×			
6	×			
5	×		×	×
4	×		×	×
3	×	×	×	×
2	×	×	×	×
1	×	×	×	×

유형4 3, 2, 2, 3, 10

4-1 4, 1, 5, 2, 3, 15

4-2

학생 수(명) / 색깔	빨간색	주황색	노란색	파란색	초록색
5			○		
4	○		○		
3	○		○		○
2	○		○	○	○
1	○	○	○	○	○

4-3 2　　　　　　**4-4** 6

4-5 좋아하는 모양별 학생 수 ; 4, 3, 2, 2, 1, 12

1-2 (합계)=5+2+6+4+1=18(명)

참고 조사한 내용을 표로 만들면 좋아하는 음식별 학생 수를 쉽게 알 수 있습니다.

1-3 표에서 학생 수가 가장 많은 음식을 찾아보면 햄버거입니다.

1-4 자장면을 좋아하는 학생은 5명이고 피자를 좋아하는 학생은 2명입니다.
따라서 5-2=3(명) 더 많습니다.

1-5 20-4-5-8=3(명)

1-6 5-3=2(명)

1-7 좋아하는 운동별 학생 수가 가장 많은 것은 축구이므로 축구를 하는 것이 좋습니다.

3-4 국화는 20-7-3-5=5(명)이 좋아하므로 국화와 코스모스는 좋아하는 학생 수가 같습니다.

4-3 빨간색을 좋아하는 학생은 4명, 파란색을 좋아하는 학생은 2명이므로 학생 수의 차는 4-2=2(명)입니다.

4-4 노란색을 좋아하는 학생이 **5**명으로 가장 많고 주황색을 좋아하는 학생이 **1**명으로 가장 적으므로 학생 수의 합은 **5+1=6**(명)입니다.

4-5 ∨ 표시나 / 표시를 하면서 빠뜨리거나 중복해서 세지 않도록 주의하면서 표를 만듭니다.

step 3 기본유형 다지기 108~113쪽

1 1, 3, 4, 1, 9   **2** 4

3 3, 2, 5, 1, 6, 3, 20   **4** 5

5 3, 6, 5, 4, 18

6 (강아지) 웅이, 규로, 준서, 성아 / (토끼) 세진, 수지 / (고양이) 유미, 예슬, 진성 / (햄스터) 범준, 승철, 동훈

7 4, 2, 3, 3, 12

8 2, 1 ;

학생 수 (명) \ 케이크	초콜릿	고구마	치즈	녹차
3	○			
2	○	○	○	
1	○	○	○	○

9 초콜릿 케이크

10 3, 2 ;

학생 수 (명) \ 성씨	김	이	박	정	최
4	○		○		
3	○		○		
2	○	○	○	○	○
1	○	○	○	○	○

11 22

12

학생 수 (명) \ 운동	축구	배구	야구	피구	농구
8				○	
7				○	
6				○	
5	○			○	
4	○		○	○	
3	○		○	○	
2	○	○	○	○	○
1	○	○	○	○	○

13 피구   **14** 피구

15 6, 4, 2, 7, 5, 24   **16** 4

17

학생 수 (명) \ 색	노랑	빨강	보라	초록	파랑
7				○	
6	○			○	
5	○			○	○
4	○	○		○	○
3	○		○	○	○
2	○		○	○	○
1	○	○	○	○	○

18

주스 \ 학생 수 (명)	1	2	3	4	5	6	7	8	9
사과	○	○	○	○	○				
포도	○	○	○	○	○	○			
오렌지	○	○	○	○	○	○	○	○	○
키위	○	○							
토마토	○	○							

19 표   **20** 그래프

21 9   **22** 딱지치기, 팽이치기

23 5

24

학생 수 (명) \ 민속놀이	딱지치기	굴렁쇠	투호놀이	팽이치기
9		×		
8		×		
7		×		
6		×		
5		×		×
4	×	×	×	×
3	×	×	×	×
2	×	×	×	×
1	×	×	×	×

25 2, 5, 4, 1, 12   **26** 3

27

학생 수 (명) \ 간식	김밥	떡볶이	어묵	라면
5		○		
4		○	○	
3		○		
2	○	○	○	
1	○	○	○	○

28 떡볶이   **29** 22

30 3

31

학생 수(명) \ 주스	딸기	포도	오렌지	망고
8			○	
7			○	
6			○	○
5		○	○	○
4		○	○	○
3	○	○	○	○
2	○	○	○	○
1	○	○	○	○

32 딸기 주스, 오렌지 주스

33 4 **34** 4

35

개수(개) \ 이름	석기	웅이	예슬	한초
8				/
7				/
6		/		/
5		/		/
4	/	/		/
3	/	/	/	/
2	/	/	/	/
1	/	/	/	/

36 15 **37** 사슴

38 예슬, 웅이, 영수, 아영, 연화

39 7, 1, 8, 5, 21

40 기린 **41** 3

42

사자	×	×	×	×	×			
기린	×	×	×	×	×	×	×	×
곰	×							
사슴	×	×	×	×	×	×	×	
야생 동물 \ 학생 수(명)	1	2	3	4	5	6	7	8

43 학생 수 **44** 야생 동물

1 ∨ 표시나 / 표시를 하면서 빠뜨리거나 중복해서 세지 않도록 주의하면서 표를 만듭니다.

9 ○의 개수가 가장 많은 케이크는 초콜릿 케이크입니다.

11 5+3+4+8+2=22(명)

14 피구를 좋아하는 학생이 가장 많으므로 피구를 하는 것이 좋겠습니다.

15 조사한 전체 학생 수는 표의 합계와 같습니다.

18 석기네 반 학생은 26명입니다.
(포도 주스를 좋아하는 학생 수)
=26−5−9−3−2=7(명)

19 전체 자료의 수는 표를 보면 쉽게 알 수 있습니다.

20 그래프는 개수를 세지 않고도 가장 많은 것과 가장 적은 것을 쉽게 알 수 있습니다.

21 22−4−5−4=9(명)

23 9−4=5(명)

26 5−2=3(명)

28 떡볶이를 좋아하는 학생이 가장 많으므로 떡볶이를 준비하는 것이 좋겠습니다.

29 3+5+8+6=22(명)

30 8−5=3(명)

33 21−6−3−8=4(개)

34 8−4=4(개)

36 석기는 예슬이보다 3개 더 넣었으므로
5×3=15(점) 더 얻습니다.

41 8−5=3(명)

step **4** 응용실력기르기 114~117쪽

1 피아노

2

악기	첼로	피아노	바이올린	플루트	리코더	합계
학생 수(명)	2	5	4	4	3	18

3 피아노

4

학생 수(명) \ 악기	첼로	피아노	바이올린	플루트	리코더
5		○			
4		○	○	○	
3		○	○	○	○
2	○	○	○	○	○
1	○	○	○	○	○

5 웅이 **6** 3

7

책 수 (권) / 이름	예슬	석기	웅이	가영	효근
6			×		
5			×	×	
4	×		×	×	
3	×		×	×	×
2	×	×	×	×	×
1	×	×	×	×	×

8 웅이, 가영　　　　**9** 3

10 7　　　　**11** 6

12 7, 3 ;

장래 희망 / 학생 수(명)	1	2	3	4	5	6	7
과학자	○	○	○	○	○		
운동 선수	○	○	○				
의사							
연예인	○	○	○	○	○	○	○
선생님	○	○	○	○			

13 9　　　　**14** 4

15 웅이네, 가영이네　　　　**16** 예슬이네

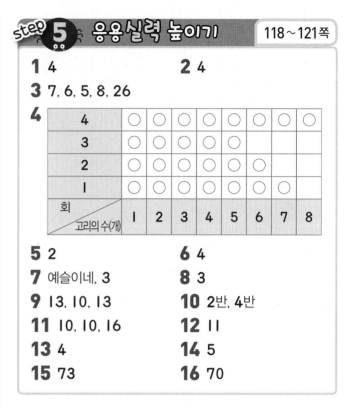

step 5 응용실력 높이기　118~121쪽

1 4　　　　**2** 4

3 7, 6, 5, 8, 26

4

회 / 고리의 수(개)	1	2	3	4	5	6	7	8
4	○	○	○	○	○	○	○	○
3	○	○	○	○	○	○		
2	○	○	○	○	○	○	○	
1	○	○	○	○	○	○		

5 2　　　　**6** 4

7 예슬이네, 3　　　　**8** 3

9 13, 10, 13　　　　**10** 2반, 4반

11 10, 10, 16　　　　**12** 11

13 4　　　　**14** 5

15 73　　　　**16** 70

---

2 악기의 종류 5가지와 합계가 들어가도록 칸을 나누어 나타냅니다.

4 가로에 악기 이름을 쓸 칸을 나눈 후 ○를 그립니다. 세로에는 학생 수를 적습니다.

5 웅이가 읽은 동화책의 수는 $20-4-2-5-3=6$(권)이므로 웅이가 동화책을 가장 많이 읽었습니다.

6 $4+5-6=3$(권)

10 $21-4-2-3-5=7$(명)

11 $4+2=6$(명)

13 바나나를 좋아하는 학생 수는 $27-5-7-2-4=9$(명)이므로 적어도 9칸으로 나누어야 합니다.

14 $9-5=4$(명)

15 웅이네 가족 수는 $22-3-6-4-5=4$(명)이므로 웅이네 가족과 가영이네 가족은 수가 같습니다.

---

1 $14-3-5-2=4$(개)

2 걸리지 않은 고리의 수가 가장 적을 때를 찾습니다.

5 동민이네 모둠에서 맞힌 문제의 수는 $4+2+5+3=14$(문제)이므로 웅이는 $14-5-4-3=2$(문제)를 맞혔습니다.

6 예슬이네 모둠은 $14+2=16$(문제)를 맞힌 셈이므로 웅이는 $16-5-4-3=4$(문제)를 맞혔습니다.

7 예슬이네 모둠은 17문제, 동민이네 모둠은 14문제 맞힌 셈이므로 예슬이네 모둠이 $17-14=3$(문제) 더 맞혔습니다.

8 예슬이네 모둠은 적어도 15문제를 맞혀야 하므로 웅이는 적어도 $15-5-4-3=3$(문제)를 맞혀야 합니다.

9 ㉡$=24-14=10$
㉠$=46-12-11-10=13$
㉢$=25-12=13$

10 남학생 수가 여학생 수보다 많은 반을 찾으면 2반, 4반입니다.

11 토요일의 팔굽혀펴기 횟수는 $8+8=16$(회), 월요일과 금요일의 윗몸일으키기 횟수의 합은 $90-(15+8+12+16+19)=20$(회)이므로 월요일과 금요일의 윗몸일으키기 횟수는 각각 10회입니다.

12 19−8=11(회)

13 달빛 마을과 금빛 마을의 학생 수의 합은
26−5−8−6=7(명)이고 7=4+3에서
달빛 마을의 학생 수는 **4**명입니다.

14 8−3=5(명)

15 •(돼지의 수)=1×6+2×6+3×6=36(마리)
•(소의 수)=1×8+2×7+3×5=37(마리)
⇨ (돼지의 수)+(소의 수)=36+37=73(마리)

16 •(돼지의 수)=1×7+2×5+3×6=35(마리)
•(소의 수)=1×8+2×6+3×5=35(마리)
⇨ (돼지의 수)+(소의 수)=35+35=70(마리)

단원평가 122~124쪽

1 일본

2 태웅, 예슬

3 3, 4, 3, 2, 12

4 미국

5 24

6

학생 수(명) \ 음료수	우유	녹차	콜라	주스	사이다
7			○		
6	○		○		
5	○		○	○	
4	○		○	○	○
3	○		○	○	○
2	○	○	○	○	○
1	○	○	○	○	○

7 녹차, 콜라

8 2

9 17

10 8

11 14, 9, 8, 31

12 5

13

날 수(일) \ 날씨	맑은 날	흐린 날	비 온 날
14	○		
13	○		
12	○		
11	○		
10	○		
9	○	○	
8	○	○	○
7	○	○	○
6	○	○	○
5	○	○	○
4	○	○	○
3	○	○	○
2	○		
1	○	○	○

14 지혜   **15** 예슬, 5

16 15

17 예 가 : 24명, 나 : 21명, 다 : 25명, 라 : 13명,
마 : 22명입니다.
따라서 아침 운동에 참여하는 학생이 가장 많은 마
을은 다 마을입니다. ; 다

18 예 포도와 귤을 좋아하는 학생 수의 합은
30−15−5=10(명)이고, 포도를 좋아하는 학생
이 귤을 좋아하는 학생보다 2명 더 많으므로 포도
를 좋아하는 학생은 6명, 귤을 좋아하는 학생은
4명입니다. ; 6

3 빠뜨리거나 중복해서 세지 않도록 ∨ 표시 또는 / 표
시를 하면서 세어 봅니다.

4 가장 많은 학생이 가고 싶어 하는 나라는 미국으로
4명입니다.

5 6+2+7+5+4=24(명)

7 ○의 개수가 가장 적은 음료수는 녹차이고 ○의 개
수가 가장 많은 음료수는 콜라입니다.

8 이번 달의 월요일에는 맑은 날이 13일, 27일로 2번
있습니다.

9 이번 달의 금요일 중에서 비 온 날은 17일입니다.

10 자료에서 우산이 그려진 곳이 몇 군데인지 세어 봅
니다.

11 빠뜨리거나 중복해서 세지 않도록 /, ∨, ⋯⋯ 등으로 표시를 하면서 세어 봅니다.

12 맑은 날은 **14**일이고 흐린 날은 **9**일이므로 맑은 날이 **14**−**9**=**5**(일) 더 많습니다.

13 날씨의 날수만큼 아래에서부터 ○를 그립니다.

14 예슬이보다 ○의 개수가 **2**개 적은 사람은 지혜입니다.

15 ○의 개수가 둘째로 많은 사람은 예슬이입니다.
따라서 고리를 둘째로 많이 건 사람은 예슬이로 **5**번 걸었습니다.

16 신영이는 동민이보다 고리를 **7**−**2**=**5**(개) 더 많이 걸었습니다. 따라서 신영이와 동민이의 점수 차이는 **5**×**3**=**15**(점)입니다.

6. 규칙 찾기

step 1 개념 확인하기 126~127쪽

1 빨간색, 파란색

2 1, 6

3 (1)

+	0	2	4	6
0	0	2	4	6
2	2	4	6	8
4	4	6	8	10
6	6	8	10	12

(2) 2, 4

4 (1), (2)

×	1	2	3	4	5
1	1	2	3	4	5
2	2	4	6	8	10
3	3	6	9	12	15
4	4	8	12	16	20
5	5	10	15	20	25

(3) 3

5 1, 7, 6

step 2 기본 유형 익히기 128~131쪽

유형 1 빨간색, 노란색

1-1 사과

1-2

1-3

유형 2 10

2-1 15

2-2 (1) 6 (2) 10

(3) 예 • 쌓기나무의 개수가 **2**개, **3**개, **4**개, ⋯⋯ 늘어나는 규칙으로 쌓았습니다.

• 위층에서 아래층으로 가면서 쌓기나무가 **1**개씩 늘어나도록 쌓았습니다.

유형3

+	1	3	5	7
1	2	4	6	8
3	4	6	8	10
5	6	8	10	12
7	8	10	12	14

3-1 (1)

+	1	2	3	4	5
1	2	3	4	5	6
2	3	4	5	6	7
3	4	5	6	7	8
4	5	6	7	8	9
5	6	7	8	9	10

(2) 예 2부터 2씩 커지는 규칙이 있습니다.

3-2 (1) 10, 12

(2) 예 2씩 커지는 규칙이 있습니다.

(3) 지혜

3-3

+	1	2	4	5	7
2	3	4	6	7	9
3	4	5	7	8	10
6	7	8	10	11	13
8	9	10	12	13	15

3-4 9, 8

유형4

+	1	2	3	4
1	1	2	3	4
2	2	4	6	8
3	3	6	9	12
4	4	8	12	16

4-1 (1) 예 3씩 커지는 규칙이 있습니다.

(2) 만나는 수들은 서로 같습니다.

4-2 (1)

×	1	3	5	7	9
1	1	3	5	7	9
3	3	9	15	21	27
5	5	15	25	35	45
7	7	21	35	49	63
9	9	27	45	63	81

(2) 예 5부터 10씩 커지는 규칙이 있습니다.

4-3 (1) 20, 24 (2) ②

4-4

×	2	4	6	8
2	4	8	12	16
4	8	16	24	32
6	12	24	36	48
8	16	32	48	64

유형5 (1) 예 3부터 7씩 커지는 규칙이 있습니다.

(2) 예 6부터 8씩 커지는 규칙이 있습니다.

(3) 예 4부터 6씩 커지는 규칙이 있습니다.

5-1 (1) 1일, 8일, 15일, 22일, 29일

(2) 예 같은 요일은 아래로 내려갈수록 7씩 커집니다.

(3) 66 (4) 5

5-2 예 7부터 2씩 작아지는 규칙이 있습니다.

5-3 31

5-4 예 대전행 시외버스는 30분 간격으로 출발하는 규칙이 있습니다.

유형1 초록, 빨강, 노랑이 반복되는 규칙이므로 ㉠에는 빨간색, ㉡에는 노란색을 색칠합니다.

1-2 맨 위 칸부터 아래 칸으로 한 칸씩 내려가며 색칠하기를 반복하는 규칙입니다.

1-3 서로 마주 보는 칸끼리 교대로 색칠하는 규칙입니다.

유형2 1+2+3+4=10(개)

2-1 1+2+3+4+5=15(개)

3-2 (1) ㉠=3+7=10, ㉡=7+5=12

(3) 왼쪽 위에서 오른쪽 아래로 향하는 빨간색 화살표 위에 있는 수들은 4씩 커집니다.

3-4 ㉠=3+6=9, ㉡=5+3=8

4-3 (1) ㉠=4×5=20, ㉡=6×4=24

5-1 (3) 6+13+20+27=66

(4) 2, 9, 16, 23, 30이므로 5번 있습니다.

5-3 1부터 ㄹ 모양으로 한 칸씩 이동할 때마다 1씩 커지는 규칙입니다.

step 3 기본유형 다지기 132~137쪽

1 ⑩ ·네모, 세모, 동그라미가 반복되는 규칙입니다.
· ╱ 방향으로 모양이 같은 규칙입니다.

2 △ ○ ■ △ ○

3
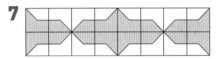

4

1	2	3	3	1	2	3
3	1	2	3	3	1	2
3	3	1	2	3	3	1
2	3	3	1	2	3	3

5 ㉠

6

7

8

9 10

10 ⑩ 쌓기나무의 수가 2개, 3개, 4개, …… 늘어나는 규칙입니다.

11 ⑩ 아래쪽과 위쪽의 벽돌을 서로 엇갈리게 놓는 규칙으로 쌓았습니다.

12 20

13 ⑩ ·2개씩 늘어나는 규칙으로 쌓았습니다.
· ㄱ 모양으로 쌓은 규칙입니다.

14 11   **15** 16

16 다섯

17 ⑩ 0부터 2씩 커지는 규칙이 있습니다.

18 20

19

+	1	3	5	7
3	4	6	8	10
5	6	8	10	12
7	8	10	12	14
9	10	12	14	16

20 ⑩ ·→ 방향으로 갈수록 2씩 커집니다.
· ╲ 방향으로 갈수록 4씩 커집니다.

21

	10		
10	11	12	13
	12	13	14

22

		13		
		13	14	
13	14	15	16	17
		16		

23

9	10	11	12
10	11		13
11			14
12			

24 ⑩ 6부터 3씩 커지는 규칙이 있습니다.

25

10	15	20	25	30	35	40

26 28   **27** 25, 63

28

16	20		
20	25		
24	30	36	42
28	35	42	49

29

		10	12	
	12	15	18	21
		16	20	24	28
15	20	25		

30

30	36	42	48
35	42	49	56
40	48		64
45	54		72

31 45

32

×	1	3	5	7
3	3	9	15	21
5	5	15	25	35
7	7	21	35	49
9	9	27	45	63

33

×	4	5	6	7
2	8	10	12	14
3	12	15	18	21
4	16	20	24	28
5	20	25	30	35

34 ♡

35 ⑩ 7씩 커지는 규칙이 있습니다.

36 ⑩ 5부터 8까지 커지는 규칙이 있습니다.

37 ⑩ 3부터 6씩 커지는 규칙이 있습니다.

38 7

39 ⑩ 위아래로 3씩 차이가 납니다. ╲ 방향으로 2씩, ╱ 방향으로 4씩 커집니다.

40 나, 여섯   **41** 다, 셋

42 34   **43** 18

44 27   **45** 26

46 4일, 11일, 18, 25일

4 1, 2, 3, 3이 반복되는 규칙입니다.

8 시계 반대 방향으로 한 칸씩 이동하며 색칠하는 규칙

입니다.

9 1+2+3+4=10(개)

12 첫째 : 8개, 둘째 : 12개, 셋째 : 16개, 넷째 : 20개
⇨ 4개씩 늘어나는 규칙입니다.

14 3 → 5 → 7 → 9 → 11에서 11개입니다.

15 첫째 : 1개, 둘째 : 2×2=4(개),
셋째 : 3×3=9(개), 넷째 : 4×4=16(개)

16 25=5×5이므로 다섯째 모양입니다.

18 ㉠ 4+4=8, ㉡ 6+6=12 ⇨ 8+12=20

21 오른쪽으로 갈수록 1씩 커지고, 아래쪽으로 갈수록 1씩 커지는 규칙을 이용합니다.

26 7×4=4×7=28

27 ㉠ 5×5=25, ㉡ 7×9=63

28
| 16 | 20 | → 4씩 커집니다. |
| 20 | 25 | → 5씩 커집니다. |

| 24 | 30 | 36 | 42 | → 6씩 커집니다. |
| 28 | 35 | 42 | 49 | → 7씩 커집니다. |
↳ 7씩 커집니다.

4씩 커집니다. 6씩 커집니다.

5씩 커집니다.

29
	10	12	
12	15	18	21	→ 3씩 커집니다.
16	20	24	28	→ 4씩 커집니다.
15	20	25		5씩 커집니다.

4씩 커집니다.

5씩 커집니다.

30
30	36	42	48
35	42	49	56	→ 7씩 커집니다.
40	48		64
45	54		72	→ 9씩 커집니다.

6씩 커집니다. 8씩 커집니다.

31 빨간색 점선 위에 있는 수들은 3×1=3, 3×2=6, 3×3=9, 3×4=12, 3×5=15입니다.

34 3가지 모양이 반복되는 규칙입니다.

38 31일에서 7일 후이므로 4월 7일입니다.

40 세로 방향으로 10씩 커지므로 16번은 6번의 아래 칸입니다.

41 3번 자리에서 아래 방향으로 2칸 아래입니다.

42 라열 첫째 자리는 31번이므로 넷째 자리는 34번입니다.

43 11+7=18(일)

44 6+7+7+7=27(일)

45 5+7+7+7=26(일)

46 요일은 7일마다 반복되므로 화요일은 25일, 25−7=18(일), 18−7=11(일), 11−7=4(일)입니다.

step 4 응용실력기르기 138~141쪽

1
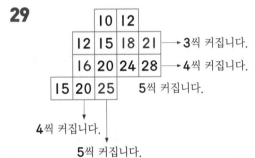

2
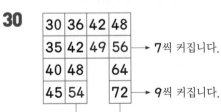

3 3

4 27

5 29

6 3

7 6, 9, 6, 12, 9, 12, 15

8 5, 8, 1, 4, 7

9 2, 4, 6, 8

10 12

11 3, 2, 7, 4, 8

12
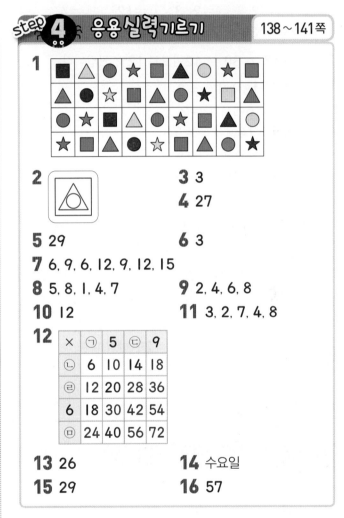

×	㉠	5	㉢	9
㉡	6	10	14	18
㉣	12	20	28	36
6	18	30	42	54
㉤	24	40	56	72

13 26

14 수요일

15 29

16 57

1 ■, ▲, ●, ★ 모양이 반복되고, 빨강, 노랑, 파랑, 초록, 보라가 반복되는 규칙입니다.

2 가장 바깥쪽에 있는 도형이 가장 안쪽으로 들어가는 규칙입니다.

3 4개, 3개, 2개가 반복되는 규칙이므로 여덟째에 놓이는 쌓기나무는 3개입니다.

4 (4+3+2)+(4+3+2)+(4+3+2)=27(개)

5 ㉠=15-6=9, ㉡=20-12=8,
㉢=18-6=12이므로
㉠+㉡+㉢=9+8+12=29입니다.

6 21, 22, 24로 모두 3개입니다.

7 ↓ 방향으로는 3씩 커지므로
㉠=6, ㉂=12, ㉢=6, ㉤=9
╱ 방향으로는 같은 수이므로 ㉡=9,
㉣=9+3=12, ㉇=12+3=15입니다.

8 다=3-2=1, 가=㉠-1=6-1=5,
나=㉡-다=9-1=8, 라=㉢-2=6-2=4,
마=㉤-2=9-2=7

9 1×㉠=2 ⇨ ㉠=2, 3×㉡=12 ⇨ ㉡=4,
5×㉢=30 ⇨ ㉢=6, 7×㉣=56 ⇨ ㉣=8

10 6 → 18 → 30 → 42이므로 12씩 커집니다.

11 ㉠×6=18에서 ㉠=3,
㉠×㉡=6에서 ㉡=2,
㉡×㉢=14에서 ㉢=7,
㉣×5=20에서 ㉣=4,
㉤×5=40에서 ㉤=8

13 첫째 토요일이 5일이므로 둘째 토요일은
5+7=12(일), 셋째 토요일은 12+7=19(일),
넷째 토요일은 19+7=26(일)입니다.

14 마지막 토요일이 26일이므로 27일은 일요일, 28일
은 월요일, 29일은 화요일, 30일은 수요일입니다.

15 가로로 1씩 커지는 규칙이 있으므로 27번 자리에서
1씩 뛰어 세면 27+1+1=29(번)입니다.

16 9+12+12+12+12=57(번)

step 5 응용실력 높이기   142~145쪽

1 15

2 ④

3 빨간색, 파란색, 노란색

4 25

5 91

6 16

7 72

8 38

9 (1)

		6	8	10	
6	9	12	15	18	21
		12	16	20	24
		15			

(2)

12	16	20	
	25	30	35
24	30	36	
21	28	35	42

10 금요일

11 110

12 121

13 97

1 차례대로 ▲를 규칙적으로 세어 보면
· 첫째 : 1개
· 둘째 : 1+2=3(개)
· 셋째 : 1+2+3=6(개)
마찬가지 방법으로 넷째와 다섯째 ▲ 모양을 세어
보면 다음과 같습니다.
· 넷째 : 1+2+3+4=10(개)
· 다섯째 : 1+2+3+4+5=15(개)
따라서 다섯째에는 삼각형(▲)을 모두 15개 그려야
합니다.

2 규칙을 살펴보면 첫째에는 ①, 둘째에는 1칸 띄고 ③,
셋째에는 2칸 띄고 ⑥, 넷째에는 3칸 띄고 ②, 다섯
째에는 4칸 띄고 ⑦, 여섯째에는 5칸 띄고 ⑤에 색
칠되어 있습니다.
따라서 일곱째에는 ⑤에서 6칸 띄어진 ④에 색칠되
어야 합니다.

3 빨간색, 파란색, 노란색을 시계 방향으로 한 칸씩 움
직이며 색칠하는 규칙입니다. 따라서 열째는 첫째에
색칠한 모양과 같으므로 ㉠에는 빨간색, ㉡에는 파
란색, ㉢에는 노란색을 칠합니다.

4 맨 위층에서 아래층으로 가면서 2개씩 늘어나는 규
칙입니다. 따라서 필요한 쌓기나무는 모두
1+3+5+7+9=25(개)입니다.

5 규칙에 따라 여섯째 모양에 쌓을 쌓기나무는
1+4+9+16+25+36=91(개)입니다.

6 쌓기나무의 개수는 다음과 같은 규칙이 있습니다.

(가)	(나)	(다)
1	1+3	1+3+5

따라서 (라)에 쌓을 쌓기나무 개수는 모두
1+3+5+7=16(개)입니다.

7 주어진 표는 2단, 4단, 6단, 8단의 곱셈구구를 나타
낸 표입니다. 18이 2×9이므로 ☆은 8×9로
8×9=72입니다.

8 ○ 안의 두 수의 합이 가운데 □의 수입니다.

9+14=23, 14+12=26, 9+12=21

따라서 9+ⓛ=35에서 ⓛ=26이므로

㉠=26+12=38입니다.

9 (1)

6	8	10			→ 2씩 커집니다.

6	9	12	15	18	21	→ 3씩 커집니다.

12	16	20	24	→ 4씩 커집니다.

15

↓

3씩 커집니다.

(2)

12	16	20		→ 4씩 커집니다.

	25	30	35	→ 5씩 커집니다.

	24	30	36	→ 6씩 커집니다.

21	28	35	42	→ 7씩 커집니다.

↓ 5씩 커집니다.

↓ 6씩 커집니다.

10 7월은 31일까지 있고 31일은

31−7−7−7−7=3(일)과 요일이 같으므로 월요일입니다. 따라서 8월 1일은 화요일입니다.

또한 1+7+7+7+7=29(일)은 화요일이고 3일 뒤인 9월 1일은 금요일입니다.

11 세로 방향으로 97−88=9씩 커지므로 가열 다섯째 92에서 9씩 2번 뛰어 셉니다.

따라서 동민이의 옷장은 92+9+9=110(번)입니다.

12 가열 일곱째는 94이므로 동민이 형의 옷장은

94+9+9+9=121(번)입니다.

13 110−9−4=97(번)

단원평가 146~148쪽

1 축구공

2 ○

3 🌸, 🌼

4 ▲

5 📝 • 쌓기나무의 수가 2개씩 늘어나는 규칙으로 쌓았습니다.

• 아래층에는 2개씩 쌓고 맨 위층에는 1개를 쌓은 규칙입니다.

6 7

7 84

8 📝 10부터 2씩 커지는 규칙이 있습니다.

9

+	0	2	6	8
0	0	2	6	8
4	4	6	10	12
6	6	8	12	14
8	8	10	14	16

10 6

11

×	3	4	5	6	7
3	9	12	15	18	21
4	12	16	20	24	ⓛ
5	15	20	25	30	35
6	18	24	㉠	36	42
7	21	28	35	42	49

12 58   **13** 상연

14

×	2	3	4	5
3	6	9	12	15
5	10	15	20	25
7	14	21	28	35
9	18	27	36	45

15 📝 2부터 7씩 커지는 규칙이 있습니다.

16 📝 5부터 6씩 커지는 규칙이 있습니다.

17 📝 1부터 8씩 커지는 규칙이 있습니다

18 9

19 📝 파란색 선 위의 수들의 합은

3+6+9+12+15=45, 빨간색 선 위의 수들의 합은 5+8+9+8+5=35입니다. 따라서 파란색 선 위의 수들의 합이 45−35=10 더 큽니다.

; 10

20 📝 3월의 마지막 날은 31일이고 7일마다 같은 요일이 반복되므로 31−7−7−7−7=3(일)과 같은 금요일입니다. ; 금요일

1 축구공과 축구공 사이에 야구공의 개수가 1개씩 늘어나는 규칙입니다.

2 ▲, ▦, ▦, ○가 반복되는 규칙이 있습니다.

3 시계 반대 방향으로 한 칸씩 옮겨가며 색칠하는 규칙이 있습니다.

4 ▲, ▮, ●, ★이 반복되는 규칙이 있습니다.

6 3층일 때 쌓기나무를 5개 사용했으므로 5+2=7(개)의 쌓기나무가 필요합니다.

7 1+(3×3)+(5×5)+(7×7)
=1+9+25+49
=84(개)

10 ㉠=6-1=5, ㉡=4+7=11 ⇨ 11-5=6

18 7월의 첫째 목요일이 2일이므로 둘째 목요일은 2+7=9(일)입니다.

정답과
풀이